建筑感知与设计

周祥 编著

Architectural
Perception
and
Design

化学工业出版社
·北京·

内容简介

本书立足于建筑的人体感知与认知理论知识，基于身体感官与建筑要素，建立人–建筑互构的知识基础，阐述相关设计原理，指导建筑设计实践。主要内容包括人体知觉、建筑空间的深度知觉、建筑的几何形式、视觉形式、形式分析、建筑的身体关联、建筑设计观念与实践等。

本书内容具有理论与实践，历史与当下两条线索。章节专题尝试从历史与当代著名建筑案例出发，结合建筑感知理论观念及其在设计实践中的应用，进行知识阐述，力图为以建筑设计为目的的建筑感知相关知识还原一个过去、当下和未来的时间发展框架，建构一个心理、历史与哲学的人文学科背景，从而为建筑设计的学习带来更多更深刻的启发。

本书可以作为普通高校建筑类专业（建筑学、城乡规划与风景园林）、环境艺术设计专业的师生教学用书。本书包含大量建筑设计实例，并配有慕课视频，可以为建筑设计课的大规模在线教学、混合式教学所用，建筑设计爱好者以及建筑师也可以从中受益。

教育部2020年第一批产学合作协同育人项目（项目编号：202002035016，津发科技–工效学会"人因与工效学"项目）成果

图书在版编目（CIP）数据

建筑感知与设计/周祥编著. —北京：化学工业出版社，2022.4
ISBN 978-7-122-40846-4

Ⅰ.①建⋯　Ⅱ.①周⋯　Ⅲ.①建筑设计–研究　Ⅳ.①TU2

中国版本图书馆CIP数据核字（2022）第033450号

责任编辑：李彦玲　　　　　　　　文字编辑：李　曦
责任校对：宋　玮　　　　　　　　装帧设计：王晓宇

出版发行：化学工业出版社（北京市东城区青年湖南街13号　邮政编码100011）
印　　装：三河市延风印装有限公司
787mm×1092mm　1/16　印张11¼　字数223千字
2022年7月北京第1版第1次印刷

购书咨询：010-64518888
售后服务：010-64518899
网　　址：http://www.cip.com.cn
凡购买本书，如有缺损质量问题，本社销售中心负责调换。

定　　价：49.80元

 前言

　　建筑学通常被认为是技术与艺术相结合的学科，建筑学的专业知识基本分为这两大类。其中技术层面的知识主要为营造建筑的物理环境服务，包括结构、建构、声、光、热等方面的内容。艺术层面的知识则体现了建筑的人文特征和交叉学科特征，其所包含的内容比较广泛，涉及到哲学、心理学、艺术学、历史、文化等方面。需要强调的是，建筑与人的关系是其中非常重要的一部分知识。两千多年前，维特鲁威在《建筑十书》中将人体比作几何形式框架，从而将建筑置入了与人（包括身体与精神）的关系之中。直至当代，建筑与人之间已经从简单的类比，发展到主客体感知互相构成的深刻关系。以环境心理学/行为学为例，相关研究已经从私密性、拥挤、寻路、领域性、环境知觉、个性化空间等方面发展成为与社会、环保、神经科学交叉的复杂学科，为建筑学专业知识带来了更加丰富的内容。建筑设计教育，需要教会学习者如何将前述技术与艺术多方面的知识应用到建筑设计中。技术层面的知识自有其内在的逻辑框架，人文交叉学科的知识该如何入手启发学习者，并且进一步建立知识体系？笔者认为，从人文角度出发，以人为本，通过理解建筑的身体与精神感知，理解建筑与人的关系，应该是理解建筑本质的重要途径。即是说，建筑感知方面的知识，可以成为建筑艺术人文知识讲授的起点。通过人体感官的感知以及大脑神经系统的加工，作为客体的建筑环境成为人的意识表征。以此表征为材料，一方面我们在建筑环境中产生审美感受，另一方面，建筑师可以将自己的审美体验，转而运用到建筑设计实践中。因此，建筑感知，无论是有意识还是无意识，都构成了建筑学专业学习者必须学习的重要知识。纵观艺术史，我们发现对人的认知本质的认知也促进了绘画艺术的发展。无论是印象派还是立体派绘画，都是建立在当时的人对人视觉感知、空间感知的科学认知基础上的。反观建筑，虽然现代建筑的出现，受到了现代艺术，尤其是绘画艺术的影响，建筑教育却多是从艺术角度学习建筑的艺术特

征，而较少从认知科学的源头深入学习科学知识。

国内的建筑感知相关知识通常属于环境心理学课程的一部分。在各大高校中，环境心理学基本都是作为一门独立课程在高年级讲授。虽然相关知识在后续的建筑设计学习中有所体现，但是与中低年级的建筑设计结合仍不够紧密。实际上，基于建筑与人关系的建筑感知相关知识应该与其他技术层面知识一样，在低年级的设计课中开始渗透，讲述基本概念和基本内容。同时也可以与其他人文知识共同呈现为系列知识，持续递进构成一条与建筑设计主干课密切相关的建筑教育主线。虽然我们的建筑教育给人以"重艺术，轻技术"的感觉，但是在教学中所传授的建筑技术方面的知识还是比较丰富的，在知识体系中占比较高，教材种类也比较多。相反，与艺术人文相关的课程教学中，尤其是设计课中，我们缺乏成系统的教材。虽然建筑设计理论众多，但是我们却较少利用这些理论与设计教学结合，编撰在课堂使用的教材，建立大学可教的知识体系。笔者认为，这种脱胎于传统手工行业的教学方式，应该向现代大学教育逐渐转变，建筑设计悟性的开发应该与设计知识的学习密切相关。巴黎美院的建筑设计教学从学习古典建筑语汇开始，通过对经典建筑理论的诵读等过程，将建筑设计作为某种知识讲授。在现代建筑教育的初始时期，形式分析的比重已然很多。这些做法都说明，将建筑设计作为某种知识传授，而不仅仅依靠"悟性"，是在大学学习建筑设计的有效途径。我们应该改善目前建筑设计的教学方式，加大其中知识学习的内容。这就需要我们将建筑设计的经验和科学研究理论化、抽象化、知识化，编制专门针对建筑设计的教材是实现这一目标的重要途径。同时，既然建筑设计是一门交叉学科的学问，在人文方面与艺术学、心理学、哲学等知识密切相关，我们就可以将相关知识与建筑设计紧密结合，理论联系实际，以设计方案说明设计知识，渐次编制直至最终形成一系列的教材。本书从建筑感知入手，将是一个好的尝试。

笔者常年主持建筑设计教学，参与过多次建筑学专业培养方案的编制，是建筑设计课省级教学团队的重要成员。在建筑设计课的教学研究与实际教学过程中，我们发现，很多学生对设计的理解建立在基于高考带来的惯性思维方式之上，以寻找标准答案的思路解决设计问题。我们需要在教学中打破日常思维，培养创新思维。而理解人体感知的科学原理，包括感觉、认知、大脑构成的原理，才能突破对日常所见所感的固有执念，从而理解建筑的物质性、空间性和感受性，并应用到设计实践中。于是，我们尝试在建筑设计课中讲授人体感知相关知识，形成教学特色，构成了"建筑设计"省级精品课以及省级一流课程的重要内容，取得了较好的成果。同时，笔者在科研过程中，也感觉到将空间感知的相关科研成果结合进建筑教育的重要性。通常我们强调建筑科研与教学的联系，但是建筑技术层面的科学研究似乎与建筑实体空间形态设计关联不大。笔者在空间认知、神经建筑学的研究中，发现建筑设计教学可以与实证的建筑感知研究相结合。建筑学科的科研可以为设计教学服务，人体感知就是重要的抓手。最终我们尝试将科研、实验与设计课教学结合在一起。探索以实验室实证的研究方法推动科研，以科研补充教学的新模式，本教材也是这种模式的一个尝试。

本教材出版得到广东工业大学校级质量工程教材建设项目的资助，也得到教育部2020年第一批产学合作协同育人项目（项目编号：202002035016，津发科技-工效学会"人因与工效学"项目）的资助，感谢学校和北京津发科技股份有限公司对教材出版的支持。研究生巫剑弘参与了本教材部分内容的编写工作，感谢他的辛苦付出。

周婕

2021年12月

目录

第4章
建筑的视觉形式　　　　　　　　　　065

第5章
建筑的形式分析　　　　　　　　　　074

第6章
建筑的身体关联　　　　　　　　　　　　083

第7章
基于感知的建筑设计理念　　　　　　　　093

第8章
基于感知的建筑空间表达
125

第9章
注重感知的建筑设计实践
137

绪论

我们可以认为建筑是由实体与空间构成的，所谓的实体包括建筑可见可感的要素，以及围合构成空间的要素，主要是指墙体、柱子、梁板等结构部分，以及内外装饰等。我们可以从材料的物理、化学等科学特性出发认知实体部分的本质。但是，作为材料的"物质性"，除了它固有的科学特性以外，实体部分还具有其材料肌理、色彩明暗等感官直接感受的物质特性及其所蕴含的人文情感因素。建筑实体要素呈现出来的这些物质性，是建筑美的重要部分，无论是古埃及的金字塔和神庙、古希腊的神庙、古罗马的公共建筑，还是中国的院落式布局的建筑，我们都可以从中感受到建筑实体要素的美。我们可以理解这些物质性呈现的显而易见的内容形态、几何形状等特征。虽然不同时代、不同地域建筑的原初设计理念有很大的不同，但是，建筑师们都能通过高水平的实体要素组织，体现出具有内涵的建筑美。建筑的人文情感的"物质性"，或者说美感，只有人类才能够感觉到。动物能够感觉到材料的物理特性，甚至可以利用其特性做成极其简单的工具，或者构成具有几何特征的巢穴，但是这些都是基于某种本能的行为，并不具备文化意义。对这些人文特征的理解，必须基于人类的感知，需要我们掌握感知规律。

那么，如何理解建筑的空间要素？在西方建筑发展过程中，空间并不是一个历史已有的概念，它的发展时间并不长。古罗马时期维特鲁威提出的实用、坚固和美观三要素并不包含空间。布鲁诺·赛维认为，作为建筑的一个基本要素的空间概念，在人类第一次建造栖身之所或对其洞穴进行构造上的改进之时，一定已经初具雏形了。但是难以理解的是，直到18世纪以前，都没有在建筑论文中用过"空间"这个词，而将空间作为建筑构图的首要品质这一观念，在现代建筑出现以前还没有得到充分发展。在将建筑解释为房屋的艺术时代里，古典主义的理论家们关心的是作为实体要素的结构，甚至是像方尖碑或凯旋门那样的，几乎没有空间构成的实心物体。虽然古典主义的建筑师们也经常造出复杂的一连串具有内在关系的院落和房间，体现着极微妙的空间关系，但是理论家们也只是从结构和比例的方面来谈它们。这可能与西方文化注重存在有关——即使是西方古典哲学中，也几乎很少讨论虚无的概念。现代建筑出现以来，建筑空间才逐渐成为人们讨论的主题，成为建筑设计的主角，人们对建筑空间的理解也越来越丰富。这也构成了本书的主题，建筑感知的重要内容。

虽然对于建筑空间可以有很多层次的理解和观点，但是有一点却是我们必须承认的共识，即建筑空间与实体要素不同，我们只能完全基于具有主观能动性的人体感知去思考空间，毕竟，空间并不直接可见，对空间的感知基本上是一种主观构建的过程。无论是把空间理解为"虚体"也好，还是"虚空"也好，我们不可否认空间概念没有对应的实存。建筑空间是一类没有实存却能够感知和讨论的存在，建筑师只能通过语言、图画等方式表达空间的存在。而这种"纸上"空间一旦建成，就要靠使用者去感知和理解。

综上，建筑并不是独立于人的身外之物，并不是与人没有丝毫关系的冷冰冰的物质存在，无论是建筑实体要素的物质性还是空间要素本身，对建筑本质或者建筑美的理解，都具有人文的特征，我们都绕不开感知、知觉、认知，这些与身体感官联系的概念词汇。

那么，建筑的感知有什么可以值得学习的内容呢？建筑是否如其所示的那样呢？我们如何能够从看得见摸得着的外观表层现象，把握其本质内容呢？笔者认为，感知区别于纯粹的感觉，强调的是在感觉过程中，人的主观知觉能动性所起的作用。我们都承认人的感觉器官并不像是一面镜子，人在感觉客观对象的同时就有可能有主观知觉加工的作用，我们是戴着各自的"有色眼镜"在看世界，感觉某种程度上就是感知，本书的主旨是用感知来强调视觉、触觉、听觉等多个知觉的综合作用。感知的综合作用在某种意义上还是一个科学的黑箱，因此，我们认识建筑的"物质性"，以及建筑的空间要素，都需要在外观所呈现的现象的基础上，了解心理学、哲学对知觉过程的基本认知，才能对感知有全面的认识。我们需要对知觉过程有一定的知觉。经过唯理论与经验论的发展，西方哲学从康德开始，将人的感知作为重要的本体论依据。虽然康德提出连接可知世界与可感世界的"空间图式"仍然具有先验的内涵，但是，至少"空间图式"能力已经成为人的主体能力，是人生而具有且可以科学洞察的能力而不是某种不可知的神秘力量。18 ～ 19世纪，在康德哲学的思想基础上，实验心理学得到大的发展，从而揭示了人类感知世界的科学规律。发展到当下，无论是哲学还是心理学都对人的感知有了更深刻的认识。与建筑相关的心理学从最初的格式塔心理学，发展到生态心理学，再到当前的神经心理学，都对空间概念有明确的论述。在哲学层面，从康德以来，黑格尔等哲学家将建筑持续列为造型艺术的重要组成部分，并对空间概念有了新的说明。直到在现象学哲学的发展中，基于人体感知的实证因素与理性因素被完美结合，人们开始从实体与空间两个方面，以及建筑与人的关系的两个方面认知建筑。

空间并非实在对象，空间感觉如何产生？空间感知如何产生？或者说不存在的空间如何成为知觉的对象？空间知觉不能单靠对象化的知觉方式来实现，空间知觉来自于人体知觉，来自于身体的综合性知觉。这个综合性知觉的过程是如何的？既然空间是不存在的实体，对空间的知觉过程就必然是哲学的、美学的、思辨的。用现象学哲学的观点来看，空间知觉是现象化的，是在当下的知觉里，与环境的交互构造过程中，呈现给直觉的综合印象。现象空间，其实就是空间的审美本质。

基于以上认识，为了理解建筑的感知，我们必须明确一个观点，建筑感知的内涵既有人也有物。具体来说，建筑是我们的认知对象，而我们，作为认知的主体，所具有的感知特性也内涵在感知过程中，建筑感知是一种人–建筑的双向结构。我们必须从两方面入手才能更加深刻地接近建筑的本质。最根本的原因在于，建筑是基于人的感知特性而存在的。只要我们了解了自身的感知特征，对于建筑的特征，也许就迎刃而解了。因为在人–建筑的认知结构中，应用到人的身体感知的相关方法与要素是可以用在其他对象之上的，也就是，理解了自身的感受，就能够基本理解建筑。这是本书的重要观点之一。

建筑的外在实体是某种意义的实存，而内在形式，则存在于人的主观思维中，从建筑形式的发展过程，我们也可以理解人的感知对形式认知的影响。基于人–建筑的关系，最初建筑形式是存在于人思想层面的可知世界中，人们通过模仿等方式来表达建筑形式，这表现为抽象的几何形式。而在近现代的经验主义出现之后，建筑开始成为表象的客体，视觉得到了重视。人们希望在视觉感知具体建筑现象的过程中，知觉到建筑的本质形式。但是，无论是历史的抽象几何形式，还是近现代的具体视觉形式，建筑都是某种外在于主体的完全客观化的对象的存在。虽然这些都给予了我们深刻的启发，但是这些都不能说明建筑的最终存在形式，也都不能全面地说明人–建筑这个相互起作用的认知结构。当代知觉现象学哲学为建筑的感知打开了新的思路，赋予了新的意义。在人–建筑的感知结构中，建筑具有了人的空间性，建筑的本质特征与人的感知结构有密切的关系。依据现象学哲学的观点，建筑的本质是在经验的直观体验中生成的，是与人的身体有关的，人们通过在场的直观体验，辩证地生成建筑的最终意义。并不存在完全抽象的建筑形式——无论是理念的还是经验的，身体的空间性决定了建筑的空间性。我们只有在深入了解了人体感知规律的基础上，才能完全地理解建筑。原本仅仅将建筑作为视觉对象来把握只是一种纯粹经验主义的感知。仔细深入思考，视觉的感知通常是杂乱无章的，或者说，这种视域结构，带有图底关系背景的视觉感知如何能够抽象出新的建筑形式认知呢？从可感的建筑外观现象过渡到可知的建筑本质，这其中发生了什么？这恰恰是现象学哲学要说明的问题。身体视角的引入创新性地解决了这个问题，视觉并不是直接看到形式，也不是由眼睛摄取材料，由大脑加工成形式的线性过程，而是由身体的主观介入的。身体的空间性决定了建筑的空间性，在感知过程中，对象天然地具有了主体的特征，主体认知本质上不是纯粹与己无关的对象化思维，就好像现象学的"本质直观"，是在现象中认识的事物本质，并不是完全对象化的本质。建筑无法脱离开身体，同样，身体也无法脱离开建筑。身体是具有情境化的身体，建筑是有身体空间性的建筑。完全客观化的认知建筑，就是把人看作是一面镜子；完全主观化的认知建筑，人更像是无所不知的神，无视了建筑的存在对人的影响，这两者都是不可取的。因此，身体知觉是解决人–建筑感知结构的不二法门。此处的身体知觉并不是各个感官的独立知觉，而是统觉，是现象身体知觉，具有哲学意味的身体，具有美学特征的身体知觉。从感官知觉神经活动的本质也能看出这个过程，从而能够引导我们深入到知觉本质中，认识空间性，启发我们对建筑设计的学习。我们只有在认识了身体的这种特性，以及在感知过程中身体所起的作用，我们在建筑审美、建筑设计实践中，才有可能生发出无限的可能。

　　综上所述，我们将要从人的感官知觉入手，从哲学与心理学的入门入手，结合建筑实例阐述人–建筑的感知结构主要内容，同时，探索将建筑感知要素应用到建筑设计中的规律，目的是促进对建筑的深刻认识，从而推动建筑设计思路的发展。

第1章
人体知觉

为了理解人－建筑的双向认知结构，我们需要首先了解人体知觉特性。虽然医学已经为我们揭示了很多人体知觉的奥秘，但是目前科学仍然不能完全说明包括人脑感知在内的人体知觉过程，我们仍然绕不开哲学与心理学的论述，况且医学科学的发展也受到了这两方面很多启发。笛卡尔相信思维活动本身，怀疑感觉的可靠性。他的理性主义呼唤将客观意义赋予了事物，这些意义由推论和演绎而来，而非是从感觉中获得的。他的追随者更认为客观真理是从一个理念和观念的内在世界中得来的，而不是从身体感觉中得来的。黑格尔则将美定义为观念在感官上的类似物，艺术是为感官创造的，但是他将可以接受美感的感觉器官限定为视觉和听觉，而将触觉、味觉和嗅觉排除在外。杰弗里·斯科特在他的《人文主义的建筑》一书中认为：重量、压力和阻力是人们日常习惯的身体体验的一部分。人们无意识模仿本能促使人们与明显可见的重量、压力和阻力相认同。查尔斯·穆尔认为在各种知觉器官中，视觉的地位一直在提升，而其他感觉物体的方式、手段和知觉器官在形成有关物体（包括建筑）的知识时都显得较为低下和不那么重要。至19世纪末，几乎所有有关三维形式的审美问题都被人们自动地认为是视觉问题。而且"身体"这个词一般也被认为是描述物质的、非理性和非精神的身体。这种将注意力集中在概念和意识过程，以及与身体物理活动的对立强化了身体和意识分离的理论思想。

　　心理学家詹姆斯·吉布森谈到在1830～1930年期间，研究者试图罗列所有的感觉，以廓清感觉的范围，列出清单。经过仔细的研究，研究者们发现被亚里士多德称之为第五种感觉的"触觉"似乎并不是单一的，也就是它并不是一种基本感觉单元。理由之一就是它并没有一种犹如眼、耳、口、鼻的器官，皮肤似乎并不适合那种通常定义的感觉器官的概念。因此，传统的"触觉"便被分为五种感觉：压力、冷、热、痛和运动觉。这种详尽的感觉分析对于研究人们在环境中的知觉并无太大的帮助。詹姆斯·吉布森的策略是将感觉作为一种在环境中积极搜寻和探索信息机制的系统，而不仅仅是一种被动的感觉接受器。借此，他得以发展出一种基于人类身体所处的环境信息类型，而不是根据不同感觉器官和身体反应的更为简明和紧凑的感觉分类。詹姆斯·吉布森的研究对建筑领域的贡献在于他对知觉在环境心理中的分析和发现，以及对感觉，尤其是对触觉和其他非视听感觉的发现和重视。詹姆斯·吉布森认同亚里士多德，也列出了五种基本的感觉，但与亚里士多德不同的是他将它们定义为五种知觉系统，这些知觉系统能够不需要智力活动和过程而获得世界中对象的信息。亚里士多德的五种感觉是视觉、听觉、嗅觉、味觉和触觉，詹姆斯·吉布森的知觉系统是视觉系统、声学系统、嗅觉和味觉系统、基本的定向系统，以及触觉系统。他将嗅觉与味觉合起来归为一种系统的做法显示了他所强调的系统分类是根据所获得的信息种类，而不是接受器官的生理机能来进行的。对于建筑、城市和环境研究者来说，他的最大贡献在于提出了定向系统和触觉系统，因为这两种系统对于理解三维尺度性和空间性比起其他系统来说贡献更大。在建立了基本的人体感知概念的基础上，我们将从视觉、触觉等感官知觉方面论述人体基本的知觉感知过程。

1.1

视觉

1.1.1 眼球构造

　　眼球近似球形，位于眼眶内。正常成年人其前后径平均为24mm，垂直径平均23mm。最前端突出于眶外12～14mm，受眼睑保护。眼球包括眼球壁、眼内腔和内容物、神经、血管等组织（图1-1）。

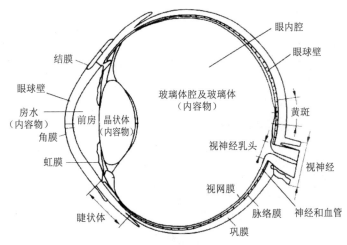

图1-1　眼球构造示意图

　　眼球壁主要分为外、中、内三层。外层由角膜、巩膜组成。前1/6为透明的角膜，其余5/6为白色的巩膜，两者相接处为角巩膜缘。角膜是接受信息的最前哨入口，光线经此射入眼球。角膜稍呈椭圆形，略向前突。角膜无血管，由泪液、房水、周围血管以及神经提供营养。角膜含丰富的神经，感觉敏锐。除了构成光线进入眼内和折射成像的主要结构外，角膜也起到某种保护作用，也是测定人体知觉的重要部位。巩膜为致密的胶原纤维结构，不透明，呈乳白色，质地坚韧。

　　眼球壁的中层又称葡萄膜、色素膜，具有丰富的色素和血管，包括虹膜、睫状体和脉络膜三部分。虹膜呈圆环形，在葡萄膜的最前部分，位于晶状体前，有辐射状皱褶纹理，表面含不平的隐窝。中央有一直径为2.5～4mm的圆孔，称瞳孔。由环形的瞳孔括约肌（副交感神经支配）和瞳孔开大肌（交感神经支配）调节瞳孔的大小。睫状体前接虹膜根部，后接脉络膜，外侧为巩膜，内侧则通过悬韧带与晶状体赤道部相连。脉络膜位于巩膜和视网膜之间，脉络膜的血循环营养视网膜外层，其含有的丰富色素起遮光暗房作用。

　　眼球壁的内层为视网膜，是一层透明的膜，也是视觉形成的神经信息传递的第一站，具有很精细的网络结构及丰富的代谢和生理功能。视网膜的视轴正对终点为黄斑中心凹。黄斑区是视网膜上视觉最敏锐的特殊区域，直径约 1 ～ 3mm，其中央为一小凹，即中心凹。黄斑区很薄，中央无血管，可透见其下面橙红色的脉络膜色泽，此处主要为视锥细胞。

眼内腔包括前房、后房和玻璃体腔。玻璃体腔是眼内最大的腔，前界为晶状体、悬韧带和睫状体，后界为视网膜、视神经。容积为 4.5mL。眼内容物包括房水、晶状体和玻璃体。三者均透明，与角膜一起共称为屈光介质。房水由睫状突产生，有营养角膜、晶状体及玻璃体，维持眼压的作用。晶状体为富有弹性的透明体，形如双凸透镜，位于虹膜、瞳孔之后、玻璃体之前，借晶状体悬韧带与睫状体联系以固定位置。前面曲率半径为 10mm，后面为 6mm。晶状体随年龄增长，晶状体核增大变硬，囊弹性减弱，调节力减退，呈现老视。

1.1.2　视神经构造

视神经在感受外界视觉元素的时候，是照单全收还是有一个选择的过程？为了科学地回答这个问题，我们需要理解视神经的基本构造。

视觉是人类观察世界、认知世界的重要手段。人类获取的信息 70% ～ 80% 来源于视觉，这既说明视觉信息量的巨大，也表明人类对视觉有较高的利用率。人类的视觉过程可看成是一个复杂的从感知到知觉的过程。人类是通过眼睛与大脑来获取、处理与理解视觉信息的。周围环境中的物体在可见光的照射下，在人眼的视网膜上形成图像，由感光细胞转换成神经脉冲信号，由神经纤维传入大脑皮层进行处理与理解。视觉，不仅指对光信号的被动感受，还包括了对视觉信息的获取、传输、处理、存储和理解的全过程。

视觉信息包括：亮度、形状、颜色、运动（方向和速度）和立体视觉等信息。外界生动多彩的视觉世界经眼的光学系统成像于眼底视网膜。视网膜具有类似大脑皮质的多层有序结构以及和大脑有相同的胚胎发育起源，素有"外周脑"之称。视网膜具有初步的信息处理功能，它由三层细胞组成，从外到内为：视杆细胞和视锥细胞构成的光感受器细胞层（receptor cel1，RC）、双极细胞层（bipolar cel1，BC）和神经节细胞层（ganglion cell，GC），GC 的轴突形成视神经。光入射方向为 GC—BC—RC，光线到达光感受细胞层后进行光电转换，转换后的生物电信号又沿 RC—BC—GC 反方向进行逐层信息处理。三层中的每一层均包含不止一类细胞，各层之间及同层之间的细胞又形成了广泛的联系（图 1-2）。

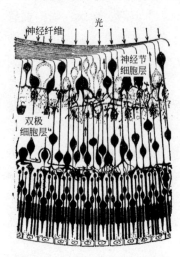

图 1-2　视网膜神经构造示意图

三层细胞的感知过程，以及向大脑皮质的传输过程证明视觉信息在视网膜这里已经得到了加工和整理，这个过程被称作视知觉组织。这样的加工整理过程规律仍然在进一步的科学认识过程中。视神经是高度发达的神经系统，在胚胎时期与大脑共同发育。在将外界物质的光信号传入大脑的实际过程中，视神经已经将光信号做了初级的处理，因此，视神经又像一个微型的大脑。从神经科学的角度来看，眼睛并不是像镜子一样的被动反射了所有的视觉元素。

1.1.3 视觉成像机理

文艺复兴以来的科学家都在孜孜不倦地研究视觉的成像机理，为解开视觉之谜付出了巨大的努力。天文学家开普勒在1604年首先发现了视网膜的真正功能：它像一块幕布，来自晶状体的影像就是在它上面形成的。1625年，雪雷用实验检验了这一假设。他切去了一只公牛眼睛背面的外层覆盖物（巩膜和脉络膜），留下了像一张半透明胶片的视网膜，结果看到在牛眼的视网膜上有一个上下颠倒的影像。

随着科学的发展，人们逐渐认识到，眼睛是人体最复杂、精密的器官，眼球像极了一个充满透明内容物体的小球。光线通过这个小球前端的洞口——瞳孔进入眼球内部，从而通过小孔成像原理在眼球底部的视网膜成像，由感光细胞转换成神经信号，由神经纤维传导至大脑皮质相关区域进行处理并被理解。这个过程看似简单，却是一个需要眼球肌肉调整内部各部分动作以及视神经的综合作用，才能实现的清晰成像过程，这是大自然的杰作。当头与眼睛都不转动，眼睛正视前方的时候，眼睛成像的上下最大视角为120°，左右最大视角为200°。加之头部以及身体的运动，视觉就能够呈现出连续的完整的影象了。需要注意的是，物体环境在视野中的存在并不是像我们一般理解的那样，是一个完整的对象。首先，落在视网膜中央凹处的影像才是最清晰的影像，视野其他区域的影像是不清晰的。由清晰到不清晰，存在某种过渡，这种过渡是模糊的，但却不是通常意义上的模糊。这可以进一步理解为：我们似乎很清晰地知道这种过渡所形成的模糊是哪种情况的模糊，就好像我们知道近视眼视物的模糊，或者快速运动物体在照片上形成的模糊那样。但是，当我们想要通过某种方式（例如语言或绘画）再现表达这种模糊的时候，却发现那并不容易。很明显，这并不是一两句话，或者一两种方法就能表达清楚的。所以，我们视野区域内的影像是由一定范围内的清晰与其余范围内的复杂模糊所构成。其次，当我们静止不动的时候，我们并不会把世界感知为有一部分黑框架的影像。也即是说，我们并不会像通过锁眼，或者望远镜看世界一样，将视野之外没看到的地方感知为一个黑色的部分，我们理所当然地生活在一个完全沉浸式的视觉感知环境中。这也说明我们对环境的感知，并不是完全对象化的。环境并不是与己无关的他者，而是存在着某种感知的机制，让我们觉得生活在一个与世界万物融合在一起的世界之中。虽然为了研究或者认识方便我们把外物理解为对象，但是这种对象化的观点在建筑空间的感知中是无效的，因为我们具有沉浸式的视觉感知经验。这种沉浸式的视觉感知经验与我们的运动体验紧密相连。我们有身体的运动存在，才会在不断运动中，将这种沉浸式的感知得到不断印证，从而成为我们感知世界的范式，一种人-建筑的结构化的感知范式。因此，针对空间的设计，也就不应该是只考虑对象化的视野包围对象的情况，更重要的是要考虑连续结构化的视觉被空间环绕的情况。最后，在视神经将视网膜影像形成的电信号传导进入大脑，进行感知的时候，也并不是线性的完整的影像感知，而是大脑各个区域分工合作，并行处理的过程。当代脑科学揭示了部分视觉神经的操作过程，视神经电信号被分类传到大脑的不同区域，分别处理形状、明暗、色彩等信号。最终再与大脑记忆相耦合，才形成了影像的综合反应。因此，视觉对外在世界的再现，完全基于人的身体与大脑神经结构，以及环境的某些易于被感知到的实体特征。环境的视觉感知，具有充分的主观特征。这启发了我们，作为人造物的好的建筑设计作品，在建筑实体与空间的布局中，一定要符合人的视觉感知规律，才能产生某种深度共鸣。

综上，虽然似乎我们已经了解了这个过程，但是在最新的视觉成像机制研究中，即使是视觉本身成像的视觉生理过程，也存在很多未解之谜。例如，视网膜成像为倒像，最终变为正向的神经生理机制是什么？视网膜是一层平面，至多具有稍稍的弧度，为什么可以呈现立体的图像？也就是说视觉成像为什么具有深度？简单的大脑的适应机制并不能完全科学地解释相关原理。哲学家却在思辨层面得出了一定的结论。莫里斯·梅洛-庞蒂在《知觉现象学》一书中，分别从科学实验与哲学思辨的角度说明了这个过程。不仅如此，莫里斯·梅洛-庞蒂还从实践与思辨的角度说明了空间深度的感知并不仅仅是因为双眼成像差异的视觉辐合过程。也就是说，在视网膜成像为平面的基础上，如何解释深度的出现，并不仅仅是双眼的视觉成像差异，仍然存在着一个复杂的视知觉过程，同样也由进一步的实验证明了深度知觉的复杂性。此处笔者并不想用过多文字进行讨论，只是说明人的视觉认知可能是生理与心理共同作用的复杂过程。单独强调任何一方面都是片面的，而这个综合的作用规律仍然值得我们进一步地探索。这就是视觉审美形式存在的科学基础，对眼球的成像肌理研究还会不断促进我们对绘画、雕塑和建筑等视觉艺术的探索。

1.1.4 视觉心理基础

虽然我们想了解人们怎样看物体世界，但思索一下产生知觉的感觉过程（例如有哪些过程，它们是怎样工作的，什么时候它们完全不起作用）仍然很重要。正因为我们理解了这些过程，我们才能理解我们是怎样知觉物体的。对物体的视觉包含了许多信息来源。这些信息来源超出了当我们注视一个物体时眼睛所接收的信息。例如，它可能包括由过去经验所产生的对物体的知识。这种经验不限于视觉，可能还包括其他感觉。例如触觉、味觉、嗅觉，或者还有温度觉或痛觉。物体不限于刺激的模式，物体具有它的过去和将来，当我们知道它的过去或者能够推测它的未来时，物体就超越了当前视觉经验的范围，这才是本真的生活经验。

大家都熟悉许多所谓的"两可图形"，例如鸭兔头两可图形（图1-3）。这些图形非常清楚地说明了作用于眼睛的同一刺激模式怎样才能产生不同的知觉，同时也说明对物体的知觉怎样超出了感觉的范围。最常见的两可图形有两种：一种是图形交替成为"图形"或"背景"，另一种是图形自发改变它们的深度位置。在太极图中阴阳鱼图形交替成为图形和背景（图1-4）。著名的Necker立方体代表了在深度方面交替变化的图形（图1-5）。有时候标上字母o的那一面在前面，有时候退到后面，它从一个位置突然跳到另一个位置。知觉不是简单地由被刺激模式决定的，而是对有效的资料能动地寻找最好的解释。这种资料是感觉信号，也是物体的许多其他特性的知识。经验对知觉的影响究竟有多大，在什么程度上我们必须学会看到什么样的东西，这才是难以回答的一个问题，也是我们在本节中将要讨论的一个内容。知觉超出了感觉所直接给予的根据之外，这一点似乎很清楚。感觉所给予人的感觉素材，形成知觉的根据基础。而这些感觉素材在杂多的环境背景中，已经得到了筛选和估量。在一般情况下，身体知觉会作出最好的假定，并且程度不同地正确地看到这些感觉到的事物。但是，感觉并不直接给予我们世界的图景，它们只提供证

图 1-3 鸭兔头两可图形

图 1-4 交替成为图形和背景的太极图阴阳鱼

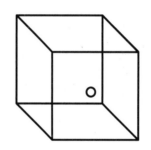

图 1-5 Necker 立方体图形

据以检验我们的身体知觉对周围事物的假设。的确，我们可以说，对物体的知觉是一种假设，它由感觉的素材资料提出并由感觉资料加以检验。Necker立方体图形没有提供任何线索以说明两种可能的假设中哪一种是正确的，知觉系统先接受一种假设，然后接受另外的假设。由于没有最好的答案，知觉系统就永远没有一个结论。有时眼睛和头脑会得出错误的结论，使我们产生幻觉或错觉。当一种知觉假设或者说是一种知觉发生错误时，我们就会出现错误的印象。正如一种错误的理论使我们看到一个被歪曲的世界，使我们在科学上误入歧途一样。

在经验主义哲学之前，主观的唯理主义哲学盛行。哲学家并不关注人的身体，甚至并不关注视觉印象。人的身体与理念是分开的，人的感觉也并不受主流思想家的重视。哲学思想是纯粹的思辨过程，是某种理念的游戏。经验主义得到重视之后，哲学家开始重视人在经验过程中的理性作用。在科学主义盛行的时代，视觉的理性作用也在心理学家那里得到了新的发展。要确定视觉成像过程中，到底有多少心理的把控作用，前面所说的假设—证据过程是如何发生的，就是一种科学认知的过程。将康德哲

学的先验图式落实到科学的心理学发现上，是很多心理学家的追求，甚至有一些哲学思想就是由心理学起始的。在心理学领域先后出现了格式塔心理学、实验心理学、视觉心理学等观念。20世纪以来，随着人们对视觉组织机制认识的不断深入，视觉组织的特性在不断被揭示出来，成为心理学的研究成果。格式塔心理学是其中的代表之一。格式塔心理学家在视觉组织方面提出了几个概念和性质，例如视觉力的概念，以及视觉组织所具有的面积性、相邻性、相似性、封闭性、连续性等原理。鲁道夫·阿恩海姆在《艺术与视知觉》中，运用格式塔心理学相关理论解释了建筑现象，这些我们后文都会详细讨论。值得关注的是，近年来以陈霖为代表的中国心理学家，在拓扑心理学方面提出的大范围优先理论，以解决视知觉整体性质和局部性质的关系问题，对格式塔心理学进行了补充与提升。部分理论已经在视觉神经构造解剖上得到了新的实证基础，相关研究成果得到了国际上的认可。这对人-建筑感知结构具有重大的启发意义，值得我们进一步探索。

1.2
触觉

1.2.1　关于触觉知觉

　　人类的五种感觉包括视觉、触觉、嗅觉、听觉、味觉，其中触觉是人类发展最早、最基本的感觉，也是人体分布最广、最复杂的感觉系统。触觉区别于其他四种感觉最重要的一点是，触觉是人类五大感觉中唯一需要与客观对象零距离接触才能产生的感觉，它需要主体认知者身体皮肤与客观对象之间的物理接触，这比其他感官更加直接形成自己的反应。刺激信号与人体感受器之间没有其他介质，受到的干扰也相对较少，由此看出触觉在人们认知新事物方面具有举足轻重的作用。研究表明，胎儿发育到七周大左右时，就开始对外来的触觉刺激有所反应，刚出生的婴儿是新生命的开端，眼耳口鼻对外界的感知还没被打开，他们首先也是用自己的身体触摸探索认知这个世界。所以说触觉作为人类认知世界的开始，是一切认知的基础感觉，帮助建立了其他感觉框架，这就更需要我们加深对触觉的认识和理解，以期待更好地利用触觉来感知、认知世界。

　　触觉的英文单词是tactile sense，其中tactile一词意为"有形的，可被触摸的"。"tactile"在《牛津高阶英汉双解词典》的解释为："connected with the sense of touch; using your sense of touch"，中文翻译为与触觉相连接的，运用你的触觉。"tactile"在《英汉词典》中的解释有三种：一是"触觉的，触觉感知的"；二是"能触知的，有形的"；三是"有感觉的，具有一种质感幻觉特征或传达一种质感的"。"sense"意为"感觉"。综合英文词典的解释，触觉（tactile sense）是触摸到有形的或可被触摸的物体后产生的一种质感幻觉特征或是传达一种质感的感觉。在《现代汉语词典》中对触觉的解释是，皮肤等与物体接触时所产生的感觉。在《辞海》中对触觉的解释是，皮肤感觉的一种，辨别外界刺激接触皮肤情况的感觉。狭义的"触觉"，仅指刺激轻轻接触皮肤触觉感受器所引起的肤觉。广义的"触觉"，还包括增加压力使皮肤部分变形所引起的肤觉，即"压觉"；以及以一定频率的振动刺激皮肤所引起的肤觉，即"振动觉"。聋人或盲聋哑人的触觉可能会有高度的发展，以弥补视觉、听觉上的缺陷。

对比以上中英文对触觉的解释，英文强调的是产生触觉所需的介质条件以及通过这种介质条件所传达出的感觉，而中文则是着重解释了触觉形成的方式。两者一个感性一个理性，将这两者加以结合便是一个比较完整的触觉的概念，即，触觉是皮肤接触、触摸到有形或可被触摸的物体后皮肤触觉感受器产生的一种质感幻觉特征，或是传达一种质感的感觉。其中根据物体接触、触摸皮肤的力度大小，触觉可以分为肤觉、压觉和振动觉。

1.2.2　建筑中的触觉

马歇尔·布如尔认为建筑首先要明确表达的是建造的目的以及结构的真实，甚至认为真实性是一种道德责任。真实的建筑是能够被感知的，材料及其物质性是其真实性最直观的体现，建筑的实体触觉恰恰就证明了这一点，在确定建筑实体存在感的同时，通过建筑材料的变化丰富建筑形体感觉。

对于触觉所引起的实体感受，有学者将其归纳为：在形态方面，包括面体、点线、高低、方圆、厚薄、大小、曲直、正反方向等；在质感方面，包括粗细、凹凸、动静、尖秃、干湿、轻重、苦辣、流动、凝固、软硬及冷热等。同样，建筑实体触觉也包括形态与质感两方面。首先，建筑的实体触觉确定了建筑的位置、几何形状以及大小尺度。建筑作为真实存在的个体，"可触摸"是确定其存在的先决条件。建筑所处位置、所用材质、几何形状、大小尺度等，这一系列对于建筑的第一印象都建立在其实体触觉的基础之上。没有实体触觉的确定，任何建筑只不过是存在于想象之中的海市蜃楼，正是这种"切身体验"将建筑与人联系在了一起。

建筑之所以可称为艺术品，其中一个重要的因素就是建筑材料的丰富变化，不同材料的运用不仅在视觉上带来绚丽的惊喜，也在"建筑触觉"上给人以舒适的享受。每种建筑材料都有着各自的材质特点，与触觉感受相关的主要因素包括表面光滑度、温度、湿度、软硬度、弹性等，而不同材料的制造工艺、参数标准、运用方式的不同也将影响这些触觉的因素，产生不同的实体触觉体验，进而影响整个"建筑触觉"环境的感知意向。

肌理和质感的感知最初是由触觉引发的。尤哈尼·帕拉斯玛在《建筑七感》中讨论触觉在建筑感知中的作用。他称这种知觉为"触摸的形状",那是肌肤可以感觉的质感、重量、密度和温度。他使用了极富感性的语言来阐述这种体验:一个历年经久的物件表面是由手工艺工具打磨,以及长年的使用而磨成的一种完美的形状。这种形态具有吸引人们去抚摸的能力。当开启一扇门时,经长年使用而磨光的门把,会给人一种特殊的经验。因为门把手转变成为了一种欢迎和友善的意象,与门把接触就成为了与建筑"握手"的活动。

建筑界中对"清水混凝土"的极致运用也是个典型的例子。在视觉上还以素朴,通过建筑实体材质的触觉体验重新诠释建筑。无论是追求精致、细腻的安藤忠雄(图1-6),还是将粗狂、优雅相结合的贝聿铭(图1-7),甚至最早展现出混凝土原始野性之美的勒·柯布西耶(图1-8),同样的混凝土在不同建筑师的手下变幻出了丰富且奇妙的触觉体验,使人们对建筑环境产生了不同以往的全新感受,成为世界现代建筑的经典。这种突破以往视觉审美的禁锢,尝试身体与材质对话的方式,至今仍被许多设计师作为对自然之美的追求而应用于各个领域。

图1-6 安藤忠雄运用"清水混凝土"
的建筑作品

图1-7 贝聿铭运用"清水混凝土"
的建筑作品

图1-8 勒·柯布西耶运用"清水混凝土"
的建筑作品

1.2.3 触觉体验意义

触觉体验将建筑的物质性与人类的感知情感合二为一。"视觉"和"触觉"在一定程度上的区分是,来源于"触觉"的印象要比源自于"视觉"的印象能产生更深层和更深刻的体验。物质性的触觉体验更能唤起无意识的印象和情感。触觉想象力的加入,使建筑更加真实和有生命活力地存在着。建筑整体是一种情感氛围的恒久性反映,建筑的关键所在就是将物质性与人类感知合成一体。一个人身处什么样的空间环境，他的触觉有什么样的感受和体验，这些都会影响到他的情绪、情感和人格。人们对外物进行触觉感知时，物体的空间形状感以及人的情感往往相伴而生。因此人们在触觉体验中往往伴随着一定的情感和判断，这样的情感和判断是人与外物、人与人构成审美关系的基础之一。在建筑设计中应该表达出对触觉体验的深刻重视，从而使建筑表现出根本性的触觉特征。

触觉对空间物体的把握具有一定的基础性和独立性，它不受任何其他感觉因素的干扰。如果没有触觉体验，人的空间感受就比较难以在其他感觉、知觉中存在，但即使没有其他的空间感觉，触觉体验也依然可以存在。触觉体验是人的一般空间感的基础，没有触觉的基础和辅助作用，视觉的空间感也难以完全建立起来。心理学家发现，盲人复明之后的空间感受是平面的，缺乏立体感，他认为远处的东西就在眼前，而且试图从三层楼的窗户上一步迈下去。只有在肤觉的重新协助下，视知觉的立体性才逐渐得以建立。英国心理学家格列高里曾经亲自观察过一个盲人恢复视力前后的经历："他有时倾向于只运用触觉来辨认物体。我们给他看一台简单的车床（他曾经幻想能使用这种工具），他非常兴奋。那是在伦敦博物馆里，先让他看玻璃罩里面的车床，然后再把罩子打开。隔着玻璃，他只是说那最近的部分好像是个把手（那是横向进刀手柄），除此之外，几乎什么也说不出来。当允许他亲手去摸的时候，他合上眼睛，把手放在上面，立即用肯定的语气说那是个把手。他急切地把整个车床摸了一遍，双眼紧闭大概一分钟左右，然后倒退两步，睁开眼睛仔细打量，他说："摸到它以后我就能看清了。""先天双目失明经过医治获得了视力的人，最初几天分不清对象的形状、大小和远近。他难以区别球和圆圈，不能确定离对象的距离。他常常会在未到对象面前就试图抓取一些远离自己的对象。"只有经过视觉、触觉和运动反应协调配合的一定实践之后，他才能够获得对事物的空间属性的恰当知觉以及在空间中自由定向的能力。

从触觉系统而来的感觉是由包括整个身体而不仅仅是手的接触而获得的感觉。使用触觉在环境中体验物体实际上就是接触它们。作为一种知觉系统，触觉将被分割的各种感觉结合和统一了起来，从而使人们在身体的内部与外部同时感知。其他感觉系统都不如触觉系统那样能够直接地与三维世界相接触，也不如触觉系统那样能够在环境中感知环境，并且改造环境。也就是说，其他感觉系统都不具有触觉系统那种能够直接与人进行感情交流，同时还进行着运动的能力。触觉系统所具有的这种行动与反应特征将其与其他相对抽象的感觉系统区分开来。

触觉是18世纪以来心理学以及哲学的重要议题。哲学家与心理学家所讨论的触觉不仅仅是手指或身体肌肤的触觉，而是在人体综合感觉系统中，与视觉共同作用，通过联想产生空间感觉的一种重要的知觉。例如18世纪末著名的美术史学家阿洛伊斯·李格尔对视觉艺术中的空间感知的论述，他认为正是触觉帮助视觉建立了古典建筑的空间性，使古罗马以来的建筑在建筑实体的墙体部分，以及建筑内部空间中形成了具体的空间效果。在远、中、近三个视觉距离中，触觉对建筑的视觉鉴赏起到了不同的作用。在瑞士著名艺术史家海因里希·沃尔夫林所提出的视觉艺术本质五要素里，触觉以及触觉形成的空间感受是其中重要的内容。现象学哲学对身体的重视，尤其强调触觉的作用，强调动感和触觉的结合与客观空间的构造。根据单斌的研究和总结，埃德蒙德·胡塞尔对触觉与视觉的构造方式做了明确的区分。视觉构造的是二维流形，最多是准三维的空间，而触摸着的手通过对"左右一上下一前后"的定位已经勾勒出了一个完整的三维空间；视觉有自己的最佳区域，太远太近的距离，被遮盖的侧面等都无法映入眼帘，而触觉是多中心的，手掌、手背、身体各部位的皮肤都可以感受，而且这种感受可以相互替代相互构造，例如，左手的触摸行为可以为右手代替；视觉总是具有特定的透视性显现方式，而透视性在触觉中就没有那么显著了；在感觉的定位方式上，视觉把它获得的感觉定位在对象上，而触觉则具有双重立义特征，一方面它把它触摸对象所带来的感受定位在对象上面，另一方面它同时也把感受定位在身体里。这一点对于身体的构造至关重要。

莫里斯·梅洛-庞蒂在他的《知觉现象学》中，以案例实证提出哲学观点，在现象身体所具有的现象空间性中，触觉知觉的作用也非常明显。书中所引用的几个心理学实验，包括斯特拉顿实验、M·韦特海默实验等都证明了人体触觉为空间的现象学阐释提供了坚实的基础，从而建立了现象身体-现象空间的逻辑链条。

1.3
其他知觉

1.3.1　听觉

爱德华·霍尔在《隐藏的尺度》一书中认为与听觉信息相比，视觉信息更加集中而较少含糊性。虽然眼睛和耳朵具体能够接受多少信息还不得而知，但是通过比较眼睛和耳朵与大脑联系神经的多少，人们可以大致得出它们所获得信息的多少。事实是眼睛与大脑联系的神经要比耳朵多18倍。耳朵在20ft（1ft=0.3048m）内十分灵敏，在100ft内，单向声音交流还可能实现，但双向声音交流就成为不可能的了。而眼睛可以在300ft内没有任何问题地看到东西。莫里斯·梅洛-庞蒂则指出视觉刺激和声音刺激不同，两种刺激都只能引起不完全的反应。声音更容易唤起触摸运动，视知觉更容易唤起指出动作。实际上，如果行为是一种形式，其中的"视觉内容"和"触觉内容"，感受性和运动机能如果仅仅作为不可分离的因素存在，那么行为仍然不能用因果思维来解释，也就是感官刺激形成行为反应的思维模式并不一定准确。这种模式对于简单的反应是正确的，如同条件反射。但是人体的复杂行为模式要求行为带着围绕它的意义、气氛向体验它的人呈现，体验它的人也力图进入这种气氛。

敏锐的听觉器官能够辨认出微妙和美妙的诗韵，反过来说，诗人写出的美妙诗篇能够表达出声音的韵律。同样，建筑师设计出的建筑和空间能够表达出其微妙的声学和音响效果，完美的建筑和空间所表现出的声学效果能够充分表达该建筑和空间的使命和目的。某些建筑和空间能够聚揽微妙的宇宙声息，从而使处在其中的人们体验到宇宙万物的生生不息，以及广袤宇宙的寂静和深远。另一些建筑和空间则聚集了空间中不同的声音，将其疏远和间离，使其背景化，获得所谓闹中取静的效果。在一定程度上，与诗相似，建筑和空间的"诗意"和"诗学"将取代或主导建筑和空间的"意义"。在这样的空间中，我们听到的是建筑和空间聚集和汲取的无限宇宙的一个缩影，在这样的空间中，我们可以说整个宇宙的缩影正在娓娓地向我们诉说。

斯蒂恩·艾勒·拉斯姆森在他的《体验建筑》一书的最后一章"聆听建筑"中讨论了营造形式的声学特征，他提醒人们声音在空间中的反射和吸收会直接影响到人们对给定的空间和体积的心理反应，并认为我们应当意识到声学在人们对空间的理解和感知上所起的作用。斯蒂恩·艾勒·拉斯姆森谈到霍普·巴格纳尔在《良好的声学设计》一书中阐述了教堂的声学效果是如何对教堂中的宗教仪式产生影响的，音乐的发展与教堂空间、布局和材料之间的关系，以及历史上的教堂类型如何对音乐学派产生影响的。古时的人们会利用和使用古老教堂中的墙，将其作为强有力的乐器和工具。霍普·巴格纳尔令人信服地阐明了宗教改革后的教堂，由于在教堂的石质室内的表面上添加了许多吸音的共鸣（木）板，导致回声频率的大幅度缩小，使得较之于中世纪教堂音乐远为复杂和丰富的音乐的产生成为可能。德国莱比锡的圣·汤玛斯教堂就是这时期的典型，巴赫当时任该教堂的管风琴手，他的大部分音乐是为该教堂而作。也就是说只有通过宗教改革后教堂空间的声学效果发生了变化，才使得巴赫得以创作出那样丰富的音乐作品。建筑理论和建筑史家弗兰普顿甚至认为形式的整体性有时也许需要依靠声学效果来获得。例如他认为杰出的墨西哥建筑师路易斯·巴拉干的圣克里斯托瓦尔住宅，便是通过位于住宅中心的反射水池和其喷泉的水声一起保证了建筑的整体性（图1-9）。

西方自古希腊时期起，就有无数关于建筑艺术与音乐艺术审美共通性的言说：从音乐凝成的古希腊神话到歌德在圣彼得大教堂散步时得到乐奏的享受；从毕达哥拉斯学派由音乐在于数的和谐类推到建筑，到勒·柯布西耶在《论模数》中对于音乐中量度

图1-9 圣克里斯托瓦尔住宅

的推崇；从谢林提出"建筑是凝固的音乐"，到姆尼兹·豪普德曼的回应："音乐是流动的建筑"。梁思成先生在1961年发表的《建筑和建筑的艺术》一文则是我国对于建筑艺术与音乐艺术审美共通性研究的最重要的理论文献之一。因此，对建筑艺术与音乐艺术的审美共通性进行研究，不仅能够给艺术创作以启示，更能透过创作现象来审视人类的审美活动，特别是抽象审美与具象审美在审美活动中的奇妙变换与融和，从而探究美的生成机制。

建筑艺术与音乐艺术的审美共通性不仅仅在于其形式等外部结构特征，更重要的还在于由这些形式特征所引发的审美主体的心理和情感感受。王振复先生在谈论建筑艺术与音乐艺术审美共通性的时候，分别从审美客体和审美主体两个方面进行了比较。从审美主体的角度，他认为，建筑形象具有"音乐感"，这源自于人的通感。"当建筑形象的美，以其视觉特征首先引起视觉器官兴奋时，也可以同时引起听觉器官的兴奋"，从而"再现某种同眼前的建筑形象相应的、一定的音乐美感，唤起一定的愉悦与爱的情绪。"他还强调，这一现象并非是单纯的生理反应，而是建立在包含了人们所有生活体验和审美经验的心理基础之上。也有学者从客体的审美属性、主体的审美愉悦和审美心理过程三个方面来探讨两者的审美共通性，从而使对于建筑艺术和音乐艺术审美共通性的研究更为全面和深刻。他们在审美主体方面分别从感官层次、心意层次和精神层次谈到了主体在进行艺术欣赏时所获得的审美愉悦的共通性。

古希腊哲学家毕达哥拉斯主要从数的和谐的角度探讨了音乐美的本质。他首先从音乐的构成上发现了音体数量的差别与音调高低之间的比例关系，再从审美听觉的音乐协和感与数量关系的研究中，提出了该学派最著名的思想，即音乐是数的和谐统一，由此推至建筑亦然。古罗马建筑师维特鲁威在《建筑十书》中强调设计的"均衡"，认为这是建筑中最主要的美学品质。文艺复兴时期的建筑家阿尔伯蒂也曾在其著作《建筑论：阿尔伯蒂建筑十书》中写道："宇宙永恒地运动着，在它的一切动作中贯穿着不变的类似。音乐用以愉悦我们听觉的数，与愉悦我们视觉的数等同，我们应当从熟知数的关系的音乐家们那里借鉴和谐的法则，因为自然已经在这些法则中体现出自身的杰出和完美。"他还提出音乐上的音程比例关系可以用到宽度和长度的尺寸上，例如那些神殿或城市广场。除了比例关系为3∶2的五度音程外，还有4∶3的四度音程、2∶1的八度音程、3∶1的十二度音程、4∶1的十五度音程。著名的文艺复兴建筑家帕拉迪奥也论述了如何将来自于音乐的比例关系运用到建筑空间的比例关系中，并在其建筑实践中主动运用了相关原理，设计了许多传世佳作。

1.3.2 嗅觉和味觉

嗅觉和味觉对场所的感知有其特殊的功能。但是，这两种感觉，尤其是味觉在建筑和环境体验中所起的作用远不如其他几种知觉或知觉系统所起的作用。触觉系统、视觉和听觉在环境感知上所能起到的是决定性作用，而气味在环境和空间创造中可以起到微妙的作用，这种作用有时甚至是奇特而又令人难忘的。巴士拉在他的《空间诗境》一书中说："在我对另一个世纪所具有的回忆中，只有我自己能够打开那仍然对我保留着独特气味的深深的橱柜，那种在柳条筐中晒干的葡萄干气味。葡萄干的气味！那是一种无法描述的气味，那种需要许多想象去嗅闻的气味。但是我已经说得太多，如果说得更多，那么当读者回到自己的房间后，将不会打开自己的衣柜和闻到所具有的独特气味，这种气味正是亲密性的特征。"他在谈到味觉和嗅觉时认为一丁点香水，甚至微弱的气味都可以在人的想象世界中创造一种完全不同的环境。尤哈尼帕拉斯玛认为对空间的最强记忆是对空间气味的记忆，一种特殊的气味可以使人们重新进入一个已经彻底从视觉记忆中抹去了的空间。例如糖果店的气味使人回忆起无忧无虑、充满好奇的童年时代。而一种特殊的气味能够使得人们在不知不觉之间重新进入到一个已经被视知觉彻底遗忘了的空间中，这是嗅觉唤醒了一个被遗忘了的景象，嗅觉能够引起视觉的回忆。

1.4
知觉心理学理论

我们理解了感官系统的基本生理构造和机能之后，就可以在此基础上，进一步深入探索人体对感觉信息进行加工处理，并最终形成头脑印象的过程。我们可以将它理解为一个心理过程，因此，将人体知觉现象作为研究对象的心理学，即知觉心理学理论是我们的认知起点。因为与建筑设计相关的知觉中，最重要的是视觉，所以，本章将学习视知觉相关理论和以综合知觉为研究对象的生态心理学。

1.4.1　格式塔视知觉

格式塔心理学（完型心理学）是现代西方心理学主要流派之一，1912年出现之后兴起于德国，二战以后在美国广泛传播和发展。此派主要代表人物是M·韦特海默、考夫卡和柯勒。此派心理学家认为，心理现象最基本的特征是在意识经验中显现的结构性或整体性。考夫卡采用物理学中"场"的概念来解释环境和行为的关系，从整体上来理解知觉、学习、记忆等。其实，早在1890年，奥地利心理学家埃伦菲尔斯就已在《论格式塔特质》中，最先提出过"格式塔特质"（ges-talgualtit）一词。他通过对音乐曲调的研究，认为音乐绝不仅仅是曲调音响的总和，音乐中的曲调旋律除了一系列的音响外还有别的东西，这种东西就是"格式塔特质"，1912年以后的30年间，M·韦特海默、考夫卡和柯勒一起完成了格式塔心理学的奠基工作。他们做了种种实验，证明知觉并不是各种感觉要素的复合，思维也不是观念的简单连接，而是先感知到整体的现象，之后才注意到构成整体的诸种成分。

"格式塔"是gestalt的音译，意谓组织结构或整体。作为心理学术语的格式塔具有两种含义：一指事物的一般属性，即形式；一指事物的个别实体，即分离的整体，形式仅为其属性之一。也就是说，"假使有一种经验的现象，它的每一成分都牵连到其他成分；而且每一成分之所以有其特性，是因为它和其他部分都有关系，这种现象便称为格式塔。"总之，格式塔不是孤立不变的现象，而是指通体相关的完整现象。完整现象具有它本身完整的特性，它既不能割裂成简单的元素，同时它的特性又不包含于任何元素之内。格式塔认知学说，说明了人的认知是具有整体感的，或者说，并不是单独认知某个独立的个体，所有的认知对象都处在一个整体关系中，在不同的尺度下，形成了不同的整体关系。牵一发动全局，个体要素与整体形态在相互关系中，构成自身的认知特征。或者说，我们认知的是事物，及其相互关系。基于这个基本理论，格式塔心理学研究了诸多的视知觉、图形构成的基本规律。

格式塔心理学不仅是当代心理学的一个主要流派，由于它被直接用来解释美学和艺术创作中的一些问题，因此格式塔心理学美学又成为了当代西方美学的重要流派之一。把格式塔心理学具体而系统地运用于艺术领域的是鲁道夫·阿恩海姆，他致力于视知觉与艺术两者之间关系的分析研究，作为他多年研究的成果，1954年他出版了《艺术与视知觉》一书，鲁道夫·阿恩海姆因此而成了格式塔心理美学的代表人物之一。最先把格式塔心理学引进建筑学领域的是丹麦建筑史家斯蒂恩·艾勒·拉斯姆森，他在《建筑体验》一书中，用"图形"和"背景"的概念来分析建筑和城市空间。他还应用埃德加·鲁宾著名的"杯图"来说明建筑的实体与虚空的关系，挪威建筑史家克里斯蒂安·诺伯格·舒尔茨在他的名著《存在·空间·建筑》中，也引用了"图形"与"背景"的概念，来解释建筑、街道、广场之间的相互关系。日本著名建筑师芦原义信更以"阴阳"关系，即"图形"与"背景"关系为精髓，对比了日本与西欧（或者说东方与西方）空间观念的差异，撰写出《外部空间的设计》《街道的美学》等一系列著作。

1.4.1.1 格式塔的"图形"与"背景"

图1-10 杯图

在一定的场内，我们并不是能够对其中所有对象都明显感知到，总是会有选择地感知一定的对象——有些突显出来成为图形，有些退居衬托地位成为背景，俗称图底之分。丹麦学者埃德加·鲁宾早就注意到这种现象，并绘制了著名的两可图形（图1-10）。该图中若以黑色为背景，看到的是一个白色的杯子；若以白色为背景，看到的是两个相对的人脸。先天失明者复明后的实验证明，图底之分是复明后视知觉最早具有的反应，因此是先天赋予的，后天经验对此只起到一定的强化作用。

图形与背景存在以下关系：第一，图形清晰明确，相对较强，背景模糊不定，相对较弱；第二，图形是被包围的较小对象，背景是包围着的较大对象。因为，图形有轮廓，一般人感知不到背景的轮廓；第三，当图形与背景相互围合且形状类似时，图底关系可以互换。例如面对一匹斑马，可以说它是黑色的，身上有白色条纹；也可以说它是白色的，身上有黑色条纹；还可以说它不是黑色的也不是白色的，是由黑色跟白色的条纹组成的。当图形与背景对称而且都是人们所熟悉的、有意义的对象时，就容易产生图底关系互换的效果。

图底关系是人凭直觉认识世界的最基本需要。真实环境中有清晰程度不同的图底关系，有的清晰、有的模糊，有时该清晰的却很模糊，该模糊的反到清晰，不一定符合使用要求，这就需要经过设计加以调整。另一方面，感知对象图底不分或难分，成为暧昧或混乱的图形，图形纠缠在一起，视知觉就会忽略不顾，或因暧昧造成的闪烁而感到疲劳。此时若强制集中注意（如强制观看混乱的展品），则更易加重视觉疲劳而感到厌烦。所以，在环境设计中强调图底之分，不仅符合视知觉需要，而且有助于突出景观和建筑的主题——观众在随意和轻松的情境中第一眼就能够发现所要观察的对象。同时，环境中某一形态的要素一旦被感知为图形，它就会取得对背景的支配地位，使整个形态构图形成对比、主次和等级。反之，缺乏图底之分的环境易造成消极的视觉效果。

1.4.1.2　格式塔的群化原则

格式塔心理学认为，当我们自然而然地观察时，知觉具有控制多个刺激，使它们形成有机整体的倾向。这种使多个刺激被感知为统一整体的控制规律，通常称为群化原则（图1-11）。主要包括以下内容。

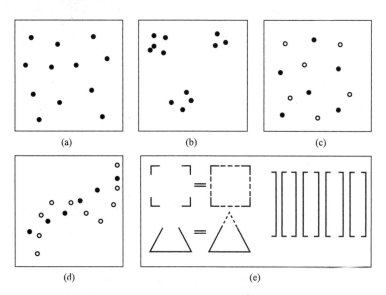

图 1-11　群化原则图片

（1）邻近原则

邻近原则是指相互邻近的元素被感知为有内聚力的整体，如（b）所示。这一原则体现了格式塔学派同型论和场作用力的观点，同时也与系统论的耗散结构理论的观点相吻合，即远离平衡态的系统会发生自组织现象，发生这种现象的外因是场的作用，内因是元素间的协同作用。如图1-11中的（a）所示在一定范围内元素均匀分布的平衡态，面对这些均布的散点人们一般没有兴趣去多看多想；而在（b）中则出现了多少不等元素相聚的非平衡态，聚合成群的元素易被感知为整体，犹如宇宙中的星云、草原上的蒙古包群或田野上的村落。但是，建筑物或环境要素之间也并非越近越好，相互间距不仅要考虑采光、通风、日照、防火等功能需要，也要考虑心理因素的影响。有机的整体系统总是疏密有致、恰如其分，才是一种富有生机的结合。

（2）相似原则

相似原则是指彼此相似的元素易被感知为整体，如（c）所示，这是人认识世界时通过分类简化刺激对象的方式。物以类聚是人们根深蒂固的概念，无论是色彩、形状或质感方面的相似，在一定范围内均会产生这样的视觉效果。如果其中一种元素稍有组织，则易被感知为图形，其他元素则被弱化为背景。真实环境中常常是邻近性与相似性共同起作用。

（3）连续原则

连续原则是指按一定规则连续排列的同种元素被感知为整体，如（d）所示，排列成直线的圆点被看作是一条直线而不是多少个点；排列成曲线的小圆同样被看作是一条曲线。在真实环境中，星座命名、建筑构图、空间组合与导向、广告与美术图案等例子不胜枚举。连续性是感知对象有序的现象。从系统论观点来看，这样的一组元素不仅仅是远离平衡态，而且从混沌走向有序，产生了组织和结构，更易被看作是一个有机的整体。

（4）封闭原则

封闭原则是指一个有倾向于完成而尚未闭合的图形易被看作一个完整的图形，如（e）所示。例如，仅仅看到对称布局的四个直角，就感到由这四个直角所包围的正方形；缺了一个角的三角形仍被看成是完整的三角形。又如把并排等距的一组垂直线段两两相对加上横向短线，就会把有四条横线包围的每两条竖线看成一个整体。这些图形虽未闭合，或距闭合甚远，但其辅助线的倾向引导我们把它们视为整体，也可以说其中包含力的作用和动态趋势。即使把其中相互背离的两条线单独取出来放在一起，距离再近人们也会感到其貌合神离的状态。这类所感知到的完整图形有时被称为"主观轮廓"。

1.4.1.3　格式塔的简化原则

心理学家的研究发现，感知对象的知觉组织所需要的信息量越少，那个对象被感知到的可能性就越大，简单几何形体容易被感知为图形就是这一道理。而且，人们在对视觉刺激进行组织时，也喜欢采取尽量减少或简化的方式，使之更加有序和易于理解。主要包括以下内容。

（1）良好完形原则

良好完形原则是指视觉组织中，对于组成对称、规则、简单形态的一组刺激视为一个整体。例如在一个正圆形中切掉一个扇形，如同在一整块披萨饼中切掉一个三角，如果这个三角切得并不大，人们倾向于认为剩下的图形还是一个圆形。如果这个三角切掉1/4圆大小，则这个圆形就不再是完整的了。再比如，一个由多个要素重复形成的对称形体，排列在形体外部的同样要素，无论怎样靠近，也无法称为形体的一部分。就如同一群小朋友围坐成一个圆圈，圆圈外的小朋友被理所当然地孤立。

（2）简洁原则

简洁原则为上一原则的深化，指知觉在组织空间位置相邻的视觉刺激时，具有使对象尽可能简单的倾向。人们会倾向于把复杂形体归结为简单形体的叠加，这种感觉在建筑平面的感受中尤其明显。再比如，人们会把简化的笑脸图像看成是人脸，也是因为在格式塔知觉中，人脸被简化为眼睛和嘴巴的简单图式。

格式塔组织原则从理论上阐明了知觉整体性与形式的关系，为"统一中求变化，变化中求统一"这一传统信条找到了科学而又翔实的依据。同时，由于这些原则出自图形实验，运用时易于掌握、操作和引申，对环境设计具有广泛的影响。但是，上述原则主要适用于二维几何图形和视点静止的三维景观，有时难以对真实环境中的视知觉作出满意的解释。

1.4.1.4　格式塔理论与建筑审美

观者以何为美？人们如何感知美？格式塔心理学给出了自己的答案。格式塔心理学所研究的出发点就是"形"，到底拥有怎样内涵的形式才能在繁多的形态中脱颖而出呢？这个现象问题的答案仍需在格式塔心理学中寻找，原因之一是观看对象中因为各因素被强化或弱化而分别构成了主要刺激物或背景；原因之二是观者并不是将观看对象照单全收，而是会发挥主观能动性，有选择地处理通过视知觉生成的意象。

因为人对现实印象的反应是瞬间作出的，不容思考和对感观印象进行概念性分析和说明，对现实的反应在知觉水平上就决定了人与周围环境之间相互关系的选择。这也就是说，有些印象作为基本的因素得到了加强，而其他的则完全或部分地被忽略，被排斥到了背景中。尽管建筑形式美的内容和形式不断被补充和发展，建筑美学中被认为美的要素，如统一、均衡、比例、尺度、韵律、序列、色彩等都受到了格式塔知觉理论的影响。格式塔心理学认为最为成熟的格式塔，即人们常说的多样统一的"形"，是表现者艺术能力成熟的表现。无论用于自然和用于表现内在情感生活，格式塔的"形"都是胜任的，因为它是生命力和人类内在情感生活的高度概括，而且是它们的最真实、最本质的反映。如高层建筑的美受重力与结构的影响呈现一种理性的美，

图 1-12 上海金茂大厦和上海环球中心

历史上优美而成功的高层建筑多是复杂而统一的建筑，也就是格式塔所说的"简约合宜"。上海的金茂大厦和上海环球金融中心都是典型的例子（图1-12）。格式塔告诉我们无论在何种情况下形式所遵循的规律应该是"简约合宜"。视觉对建筑形体的把握是通过将其还原成视觉能够把握的原型来实现。一个形式越简单，越易于被视觉把握，但随之而来的单调感又会使视觉得不到满足，只有那些经过视觉分析、组织之后将一个复杂形式在心理上还原成简单形式的形体，才能使视觉得到多样性的满足，过于复杂，而无法被视觉还原的形式，不但视觉得不到满足，反而会在心理上产生一种混乱。

根据人眼对事物的感知特征，建筑形态构成的基本规律可以归纳为以下几点。

（1）简单与完整

由格式塔心理学可知，人的知觉和思维有一种要求简单化和完整化的倾向，无论怎样复杂的事物，人们总可以找出最简洁的词语，用最简单的形态对它进行概括，建筑形态的设计应当尽量地帮助或诱导这种概括。在把握外界事物包括建筑形态的过程中，不但在形式上进行简洁处理，而且要在意义上进行简化。以求整体上的统一、以少胜多，如图1-13中西扎的设计作品。

（2）统一与组织

作为格式心理学创始人之一的M·韦特海默曾提出形式组合的5项原则，即前文所述邻近原则、相似原则、连续原则、封闭原则和统一原理。这些原理都体现在建筑设计元素的组织方式中，如图1-14中特拉尼设计的特拉尼宫。

图 1-13　西扎的设计作品

图 1-14　特拉尼设计的特拉尼宫

（3）区别与转换

事物各有特色，并在区别和对比中独树一帜。建筑形态由于其形状、大小、方向、高低、曲直、虚实、刚柔、材质、色彩、光影以及传统与创新、具象与抽象等不同，而异彩纷呈、千姿百态。这不仅体现出了各种建筑形态的差别，也体现出了建筑师和使用者的性格特点，是人们多彩生活的反映，同时也为区别与识别它们提供了方便，如图1-15中，卢浮宫扩建中建筑形体的对比。

图1-15　卢浮宫扩建中建筑形体的对比

（4）动态与节奏

生命在于运动，动态性是一切事物最根本的规律之一，也是建筑设计的基本规律之一。格式塔心理学也从静态的力场中分析了心理和建筑动态的关系。诗人歌德在圣彼得大教堂前广场两侧的椭圆柱廊上散步时感到"建筑是凝固的音乐"（图1-16），梁思成教授还为北京天宁寺塔的垂直方向写出了一段音乐节奏。由此可见，建筑形态不仅具有动态，而且具有节奏；不仅给人以速度感，而且给人以气韵感。

图1-16　圣彼得大教堂前广场

（5）联想与象征

联想是一种由此及彼的思维的联动。建筑可以由于它的形态特征引起人们的接近联想、相似联想、对比联想和因果联想，起到举一反三的作用。象征则是借题在此、寓意在彼的设计方法，使建筑的具体形态可以表示某些抽象概念或思想感情。具象即具体，它和抽象相对，表示物体的具体形象，如图1-17中容易引起人们联想的悉尼歌剧院的造型。

图1-17　容易引起人们引起联想的悉尼歌剧院造型

1.4.2　生态心理学

1.4.2.1　关于生态心理学

严格说来，生态心理学运动已有50余年的历史，但迄今为止，有关生态心理学的内涵并没有明确的界定。其主要原因也许是心理学研究的生态化运动肇始于不同的学科领域，而且持有这种观点的学者也散见于各个不同的学术阵营。舍弃临近学科不论，单就心理学领域来看，生态心理学运动就表现出三种鲜明的发展轨迹：认知生态学，以库尔特·勒温、詹姆斯·吉布森、罗杰·巴克、布朗芬布伦纳、奈瑟等为代表（他们的理论观点和研究兴趣也表现出诸多的不同）；动物行为学，以廷伯根、洛伦茨等为代表；社会文化学，以维果茨基精神分析的社会文化学派等为代表。虽然如此，学者们还是从不同的角度和层面对生态心理学的内涵做了分析和梳理。

库尔特·勒温可谓最早提出生态心理学思想的学者，他在1944年发表的《生态心理学》论文中，明确表达了"要了解个体和群体的行为，首要做的就是考察环境为这种行为的发生所提供的机遇和条件。"在后续的一段时间内，他的助手及学生罗杰·巴克、赫伯特·瑞特，以及詹姆斯·吉布森、特伦、奈瑟等人，基本上承袭了库尔特·勒温的主张，即倾向于把环境作为有机体行为发生、发展的一个背景变量来看待，并通过倡导心理学研究的情境化、自然化、生活化来提升心理学研究的生态学效度。

布朗芬布伦纳是生态心理学近期运动中比较有代表的一位，他主要从系统论和机能适应的角度对生态心理学内涵做了分析。他认为生态心理学是"在一个更为宏大的环境下，研究有机体渐进的、复杂的心理行为变化和与近体环境的相互适应性"。斯沃茨、马丁、赫夫特等人赞同上述说法。

由此可见，生态心理学的知觉问题，与主体的生存环境有密切的关系，知觉的产生与主体-环境的关系密切相关。基于这个关系，生态心理学的代表人物——詹姆斯·吉布森，引入了生态光学理论（ecological optics theory），以强调知觉对动物在自然环境下生存和发展的意义。人在环境中行动，光线来自各个方向，外在空间每一点的光线分布各不相同。这种光线分布称作"环境光"。环境光对人具有重要生存意义，它的特殊分布提供了空间视觉的信息。研究环境光对人的视觉的作用的科学就是生态光学。他提出了环境光（ambient optic）、环境光阵（ambient optic array）、光流（optic flow）、光流阵（optic flow array）等基本概念。

他认为，光投入环境，被环境中的表面或物体反射，形成环境光。环境光携带关于整个环境的信息。如瓷砖、大理石、金属表面反射出的环境光都不一样，所以通过察觉环境光，人可以知道哪个是厨房墙面，哪个是台面，哪个是洗菜盆。环境光汇聚到一个观测点，形成一组光阵。对于某一观测点，构成静态光阵的各部分表面有着不同的视立体角（visual solid angle），这些视立体角与环境中的物体表面的布局结构一一对应，形成静态影像结构信息。静态影像结构信息包括边界（edge）、光影（shading）、颜色或强度对比（contrast of color or intensity）等。这种信息是持久的，只要物体存在，影像结构信息就存在。当观察者行进或环境中物体发生运动时，光阵中的各视立体角也随之发生变化，它们或新增、或消失、或放大、或缩小。光阵连续变化形成光流信息。光流状态与观察者在环境中相对运动速度、运动方向以及观察者与运动物体的距离一一对应，如距离观察者越远的物体光流速度越慢，在观察者正前方的物体比在他视野边缘的物体光流速度快。光流由运动产生，与运动模式一一对应；观察者通过察觉光流的状态、方向、速度和不动点的位置，知觉自身或环境物体的运动模式。环境中各物体表面对应某一个观测点并形成唯一的光阵，而观测点或环境物体的运动方式形成了唯一的光流。这样的一一对应关系是由自然法则所决定的。环境中某一表面投射到某一观测点的影像结构信息由几何规律所约束，不是随机的。运动产生的连续光流由动力学规律和运动学规律约束，也不是随机的。这样的规律性使观察者可以通过静态和动态信息准确知觉环境的结构和性质。

在此基础上，他提出了两个重要的概念，分别是：组织尺度和可供性。

1.4.2.2　组织尺度与可供性

生物演化复杂性的一个根源就在于生物系统的多层级性或多等级性，它使得生态学对象的时空表现更加地模糊，从而在生态学中提出了组织尺度问题，即生物与其环境之间的相对位置或相对关系。以身体尺度的提出为例，实际上就是将动物身体的尺寸作为一种测量单位去测量环境，从而得到一种无量纲的比例量。

生态学的组织尺度问题对生态心理学的影响体现在它回答了环境和有机体之间的内在关联，作为交互关系发生的物理根源。在詹姆斯·吉布森的最后一本专著《视知觉的生态学立场》中，他在描述生态环境之外，又提出了有机体与环境之间的相关性。"值得牢记却经常被忽略的事实是：动物和环境这两个词是不可分割的一对，一个词暗示着另一个词的存在，没有周围环境动物无法生存……动物-物体被以一种特殊方式环绕着，一个环境围绕一个生命体的方式与一堆物体围绕着一个物理物是不同的"。对这种相关性的描述使得詹姆斯·吉布森在该书中提出了可供性（affordance）概念，并表达了可供性概念作为生态心理学研究总原理的原因。就科学观测的方法论问题来说，可供性是生态心理学的核心概念，用来理解有机体和环境之间的内在关系，用来研究有机体对环境的知觉，以及在环境中的行为。可供性通过将有机体自身的组织、功能、能量等内在属性作为尺度来测度或描述环境。在这种描述的方法转化下，环境具有一种价值维度上的物理作用，"需要注意，如果使用物理学中的尺度（scales）和标准的单位（unit）来测量，那么这些属性，即水平的、平坦的、延伸的且坚硬的就是平面的物理属性。但是，它们对于某物种的动物来说是支撑性，它们必须相对于动物来测量。它们对于这些动物来说是独一无二的，不仅仅是抽象的物理属性，相对于动物的行为和姿势来说，它们有特定的单位，因而不能用物理学中的测量来测量可供性"。

也就是说，只有通过可供性，心理学的生态学方法才能够获得完整的表述，心理的生态学变量才实现了量化的表示。因而，可供性是生态心理学的一个分界点，经过将有机体自身作为测量单位或测量尺度后，生态学环境从独立于有机体的不变量转变为相关于有机体自身演化需求的变量，实现了质的变化。因而，生态心理学初期阶段出现的生态物理学，即包括研究地球生态系统各种物质及其表面属性的学科，例如，地质学、地球物理学、古生物学等，也包括研究能量的学科，例如，光学、声学、动力学、生物化学等。这些学科的研究对象在经过将有机体自身作为度量后都发生了质的变化。

关于心理学的研究对象问题，詹姆斯·吉布森传承并综合了格式塔心理学与新行为主义心理学，主张心理学的研究对象是知觉。对格式塔心理学来说，刺激可以划分为要素和整体，作为要素的刺激在空间上和时间上是彼此独立的，是无意义的，而作为整体的刺激则是一种"格式塔"，即"完型"。含义是形式，完型是有意义的，作为完型的刺激对应于整体性的有意义的行为，这种行为是有意向的，而且是直接的，不是心理的产物，是心理的对象，对格式塔的直接经验过程就是知觉。但格式塔心理学家主张它们与环境是分离的，他们所说的物理，是地理环境，是构成心理环境的必要条件，不是充分必要条件。根本上，心理环境还不是地理环境，是产生于心理与物理交互作用而形成的心理场，是意向的显现，是知觉者而不是被知觉者的显现。

在《感知可供性：登台阶的视觉引导》一文中，威廉姆·沃润主张，生态学变量的测量方法是使用内在测量（intrinsic measurement）而不是外在测量（extrinsic measurement），这种内在测量即是以动物的属性作为尺度来测量环境属性所得到的无量纲纯数。经过这种测量，会产生一种与有机体直接相关的环境变量。为了形式化地描述可供性的特征，詹姆斯·吉布森（1979年）建议，环境的属性"应该相对于动物来测量，而不是作为一种中立的属性，使用人为制定的或外在的单位测量。"这种测量可以通过内在测量方法来实现，在这种方法中，某个系统的部分是一种自然的标准，不同于该系统交互部分被测量的方法。因而，一个动物属性A可以作为环境属性E的标准。按程序来说的话，如果A和E以同样传统的单位来测量并且被表述为一种比例，单位就取消了，所得到的结果就是无量纲的（无单位的）纯数，这个纯数是用来特定地表述动物和环境之间的契合性（fit）。

内在测量确定了生态心理学研究的度量方法，即子系统之间属性的比例关系构成生态系统，这种度量方法就是生态度量法（ecometric）。威廉姆·沃润以人腿-台阶为生态系统，确定了登台系统相对于人具有的两个可供性，一个是双腿的极限登高高度，即登台高度的临界值（critical point），一个是双腿的最优登高高度，即登台高度的最优值（optimal point）根据生物力学，台阶可登极限值大约为阶纵高/腿长≈88%，0.88是台阶相对于人类的一种行为阈限，在这个界限以下，台阶是"可登的"，在这个界限以上，是"不可登的"。0.88是一种无量纲量，没有单位，它是由人腿-台阶系统的力学结构而决定的。当台阶/腿长高于0.88，登台阶这种行为就是不可能的，就必须转换到另一种行为模式，这时候，人腿-台阶系统就发生了相变。

同样根据生物力学来确定登台最优值，当台阶相对于腿长的高度减小，对于给定的距离而言，所需的跨步的周期就增多，因而肌肉活动和能量消耗就增多，当台阶相对于腿长的高度增加，膝盖和臀部的弯曲度就要增加，相应地能耗也会跟着增加。这两个因素共同决定了台阶高度/腿长的最优值，大约在0.26，就登台系统来说，0.88和0.26这两个没有单位的变量，是台阶相对于人的两个可供性，0.88是登台阶系统中空间相变转换的临界点，是有机体行为的演化点，0.26是登台的最优值，是有机体和环境之间的契合关系。

1.4.3　视错觉理论

我们通过眼睛视觉观察外部环境，由于周围的光线、形状、颜色等因素的干扰，加上心理原因，外部环境信息给予视觉的刺激有时候并不是恒定的，比如我们通常所说的"横看成岭侧成峰，远近高低各不同"现象，对物体的知觉往往容易发生错误，这就形成了视错觉。有的视错觉是暂时的，是偏离了多数人的公认视知觉，或者借助测量工具可以确定的形态。有些视错觉要经历很长时间才能得到更正，例如，位于几光年以外的宇宙天体，我们无从知晓其全部信息，只能通过天文望远镜获得有限的信息，我们只能认为天体是看到的某种形式，无从考证"对错"，只能基于这些信息构成我们当下对宇宙的认知理论。随着天文观测科技水平的提高，我们逐渐修正之前的认识。作为建筑设计师，应该了解视错觉的构成规律，擅于利用视错觉形成理想的建筑实体空间形态。

1.4.3.1　视错觉图形的主要类型

人们通常把与物体形状和色彩有关的错觉称为"视错觉"。可能我们不曾在意，但是事实上，这种神奇的视觉感受充斥着我们生活的各个角落，视错觉图形的类型主要分为形象同构、图底互换、面积对比、光渗效果和矛盾空间等，这些视错觉形式在不同程度上改变了设计创作的思考方式和展现形式，其通俗性、趣味性、象征性、矛盾性、思考性都为设计师带来了无限的创意和表达空间。

（1）形象同构的视错觉图形

同构图形是设计中经常运用的一种构成形式，是通过想象和创意巧妙地将不同形态的物体组成一个全新的形象。同构图形设计的本质，是通过一种人们所熟悉的事物把所要宣传的新事物的意义和特征形象化并且一目了然地表现出来。中国传统的民间艺术形象——四喜人便是一个经典的形象同构的视错觉类型案例（图1-18）。四喜人图形通过融合两个小人共同

图1-18　四喜人

的身躯，把小人的头部巧妙地安置在身躯之上，达到形象同构的特点。在寓意上，四喜人象征着四件喜事，以生动巧妙的方式，寄托人们对美好生活的向往。

（2）图底互换的视错觉图形

在设计作品中存在正形和负形之分，有的时候正负形之间的界限达到一个巧妙的临界点，就会产生正负形区分模糊的效果，也就是正形可以当作负形来观察，负形也可以当作正形来观察，这两种图形可以相互转换，从而迷惑人们的双眼。日本平面设计师福田繁雄为日本京王百货设计的海报中，巧妙地运用了正负形图底互换的原理，创造出了某种错觉，如图1-19所示。当观众看到这幅海报中的图形的时候，看到什么内容取决于观众是把视觉重点停留在黑色区域还是白色区域，如果视觉重点在白色区域，这幅作品便是很多脚穿高跟鞋的女性腿部轮廓，如果视觉重点停留在黑色区域，这幅作品便是很多脚穿皮鞋的男性腿部轮廓。作品完美地诠释了图底之间的相互关系。

图 1-19　福田繁雄设计的正负形海报

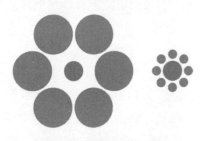

图 1-20　艾宾浩斯错觉图

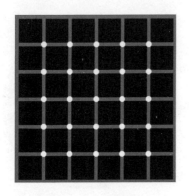

图 1-21　光渗错觉

（3）面积对比的视错觉图形

德国心理学家赫尔曼·艾宾浩斯发现面积相同的两个图形可能在不同的情境之下显得大小不同，环境的变化可以给我们带来视觉上的差异，这就是著名的艾宾浩斯错觉（图1-20）。两个大小相同的圆形，一个放置在周围都是比它大的圆形之间，就会显得比另一个图形里同等大小的圆小很多，这是因为第二张图里的圆形周围是被比它小的一圈圆形包裹住的。这就是相同面积的图形在不同情境下的对比而产生大小不同的视错觉效果。

（4）光渗效果的视错觉图形

光渗效果是指观众的目光在颜色对比强烈的交界处停留时，视觉神经会产生眩晕的光效应现象与视幻效果，从而使设计作品具有运动感和闪烁感。光渗视错觉原理也叫"欧普艺术"，这是一种需要通过精心计算的视觉艺术。欧普艺术是使用明亮且对比强烈的色彩，造成刺眼的颤动效果，达到视觉上的亢奋，使得作品产生令观众眼前一亮的效果。比如在图1-21中，交错的白色网格中间填充了黑色方块，强烈的颜色对比使得白色网格与黑色方块连接处的圆点形成迅速闪烁并且不断变化的视幻效果，让观众感觉图片中的黑点动了起来。

（5）矛盾空间的视错觉图形

设计中的矛盾空间是指在二维空间里运用三维空间的平面表现形式错误地表现出来，具有多种视觉角度的特点，能够考验观众的理性思维。这类视错觉类型是以貌似同构的组合方式形成非现实的结构关系，初看以为是完全合理的立体空间，经过仔细观察之后却发现有很多不合理的矛盾形态。著名的彭罗斯三角（图1-22）就是瑞典艺术家奥斯卡·路透

图1-22　彭罗斯三角

斯沃德利用矛盾空间的原理创造的。彭罗斯三角看起来像是一个固体，由三个截面为正方形的长方体所构成，三个长方体组合成为一个三角形，但两长方体之间的夹角似乎又是直角。上述的性质无法在任何一个正常三维空间的物体上实现，这便是矛盾空间的特征。

1.4.3.2　视错觉在建筑设计中的应用

人们观察事物时会产生视错觉的偏差，这些偏差会让人们对建筑本身的大小、尺寸、产生不当的视觉错误，这些不当的错误会干扰人们对建筑本身产生非客观的判断，我们要重视视错觉的原理，它有助于我们判断与认知客观事实。建筑师应该擅于利用建筑设计中的视错觉原理纠正视觉上的偏差。例如古希腊时期的建筑就是集美与和谐相统一的完美典范，其中帕提农神庙就是利用视错觉的原理纠正视觉偏差的代表（图1-23）。

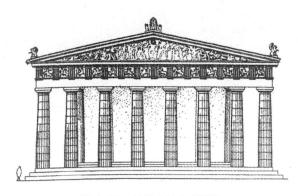

图1-23　帕提农神庙立面图

对于圆柱的设计，尤其是较高的圆柱，若柱的轮廓线为直线，看起来也会有内凹之感。早在古希腊，建筑师就已注意到这个现象并找到了解决的办法，所以古希腊的柱式都有卷杀。这种处理是很细微的，帕提农神庙柱的卷杀最多也不过为1.7cm，但正是这种细小的调整纠正了人眼的视错觉。人视觉最清晰、最准确的区域在两眼视锥交叉处（即视觉中心）的很小范围内，离视觉中心越远则景物越模糊，变形也越大。如果正常操作，将立面中的柱、檐口与底边线设计为横平竖直的线条，实际条件下人眼看到的建筑立面就会因为视野、距离的综合作用而出现变形，中间柱不变形，越靠近边缘柱的倾斜度就越大，底边和檐口也变成两条向下凹的曲线，使人有倾倒之感。帕

提农神庙的所有柱子全部略向后倾了7cm，同时又向各个立面的中央略有倾斜，越靠外的倾斜越多，角柱则向对角线方向后倾了10cm（即侧脚），檐部和墙垣都有收分，内壁垂直而外壁微向后倾，以校正视差。檐口、额枋和台阶都呈中央隆起的曲线，在短边隆起7cm，在长边则隆起11cm。这些精到细微的处理减少了实际视觉体验的视差现象，抵消了变形，使神庙看起来更加稳定，更加丰富而有生气。罗马万神庙的设计者也是因为注意到这个问题而将地面处理成中央略鼓、向边缘逐渐低下的一个弧面，使之像肌体一样饱满。同样，天花板和梁如果做成水平的，就有中部下坠的感觉，天花板面积越大下坠感就越明显，所以天花板应做上凸处理，或采用阶梯形式的吊顶把整个顶面分割成几部分，减少下坠感。横梁的跨度越大也就越应考虑视错觉的存在，必须做中部上凸处理，否则会有下弯之感，令人不安。如果横梁长12m，中部可上凸6cm或更多些。

这种视错觉的处理手法在中国古代建筑当中也经常使用，如山西五台县佛光寺（图1-24），其中佛光寺的柱子也是顶端大底端小，同帕提农神庙中多立克柱式的设计手法是一样的，而且佛光寺柱子的排布方式同帕提农神庙也一样，沿正侧的两个方向微向内倾斜，而且越靠边的柱子倾斜得越明显，这样从上方看也会形成一个梯形的平面图形。我们应该在设计中考虑利用或者避免视错觉，创造良好的实际视觉体验。

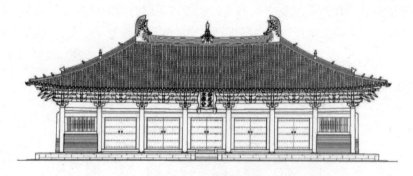

图 1-24　佛光寺大殿立面

❓ 思考题

1. 视神经的构造有利于解释大脑在视觉成像方面的神经机制吗？你认为大脑的成像机理是什么？

2. 基于视觉的生理与心理基础，说明我们对建筑的感知印象特点。

3. 触觉会帮助对建筑空间的感知吗？体现在哪些方面？

4. 其他感官知觉特点对建筑设计有什么启发？

5. 格式塔知觉理论的主要内容是什么？对建筑感知和设计有什么帮助作用？

6. 生态知觉理论中的组织尺度和可供性相关内容如何启发我们的设计？

第**2**章

建筑空间的深度知觉

建筑空间的深度，是指建筑空间的纵深大小。只有空间才有纵深，单一实体的纵深很小可以忽略不计。因为有了纵深，我们才有空间的感知。在日常的生活体验中，我们对建筑空间的感知似乎并没有什么困难之处。仅凭经验，我们知觉到建筑的实体与空间相互依存，建筑内部空间由界面围合而成，建筑的界面被外部空间包绕。但是，这仅仅是日常知觉的一般结果，仔细思考感知过程，会发现存在一个问题。众所周知，视知觉来源于视网膜成像，但是，根据小孔成像原理，视网膜所呈现的是二维的平面图像，我们知觉到的建筑却是具有深度的三维空间。这种区别于平面的深度之维正是空间知觉的关键，如何得到又如何被建筑师表现？虽然我们可以将其解释为复杂的生理心理过程，但是因为空间深度是艺术表征的重要内容，具有美学意义，我们尝试从深度知觉的发展到哲学美学阐释，从视觉到身体，来理解建筑空间的深度知觉。

2.1
深度知觉的生理心理解释与实验

2.1.1　生理心理解释

立体视觉是人眼对看到的景象具有的深度感知能力，而这些感知能力又源自人眼可以提取出景象中的深度要素。除了双目视觉可产生立体感外，单眼视觉也能辨别物体的前后深度，具有一定的立体感。现代心理学公认有十种要素来知觉视觉影像的深度，其中涉及生理机能的有四种，涉及心理暗示的有六种。

深度感的生理学机能包括：

① 双目视差（binocular parallax）。由于人的两只眼睛存在间距（平均值为65mm），因此对于同一景物，左右眼的相对位置（relative position）是不同的，这就产生了双目视差，即左右眼看到的是有差异的图像。

② 眼睛的适应性调节（accommodation）。人眼的适应性调节主要是指眼睛的主动调焦行为。眼睛的焦距是可以通过其内部构造中的晶状体进行精细调节的，焦距的变化使我们可以看清楚远近不同的景物和同一景物的不同部位。一般来说，人眼的最小焦距为1.7cm，没有上限。而晶状体的调节又是通过其附属肌肉的收缩和舒张来实现的，肌肉的运动信息反馈给大脑有助于立体感的建立。即使我们用单眼观看物体，这种立体感也是有的，所以可以说是单眼深度暗示。可是这种暗示只在与其他双眼暗示组合在一起，而视距又在2m之内时才是有效的。

③ 单眼移动视差（motion parallax）。运动视差是由观察者和景物发生相对运动所产生的，这种运动使景物的尺寸和位置在视网膜的投射发生变化，从而产生深度感。

当用一只眼睛看一个固定物体时，眼睛自身调节就成为对深度感的唯一有效暗示。可是，如果观看位置是允许移动的，我们就可利用运动视差这种效应从各个方向观看物体。这个效应就称为单眼移动视差。特别重要的是，当观看者移动得相当快速时，如坐在飞机上或极快的列车上，更是如此。

④ 会聚（convergence）。当双眼观看物体上的一点时，两只眼睛的视轴将会聚，两视轴的夹角称为会聚角。对于空间不同物点，视轴将发生变化，为实现这种会聚，人眼肌肉需要牵引眼球转动，肌肉的活动反馈到人脑时就会给出一种深度感觉。实验表明，在适应性调节和会聚之间是存在着相互作用的，一方面对应于一定距离的会聚信息自动地引起一定程度的调节，另一方面调节的信息也影响会聚。这一效应可由简单实验来证明，即我们先遮住一眼，移动另一眼所注视的物体，当物体的距离突然由无限远改变为20cm时，则会聚需要有0.2 ～ 0.3s的时间才能对调节所给出的距离信息作出响应。

深度感的心理学暗示包括：

① 视网膜像的相对大小。同样大小的物体，当观看距离不同时，在视网膜上成像的大小也不相同，距离越远，视网膜像越小。或者说，视线方向上平行线上对应两点随着视距的增大，在视网膜上所成像点的距离线性减小。由此，可通过比较视网膜像的大小来判断物体的前后关系。

② 根据视觉这一现象形成了一种绘画方法，即线性透视法，透视法是在平面上表现立体感的最有效的方法，在绘画艺术中被广泛采用。但对于传统的中国画，则不太遵循透视绘画原理，例如在著名的韩熙载夜宴图中（图2-1），人物的大小看起来不是很协调，这是一种透视错觉，图中人物的图像尺寸是一样的，但看起来远处大一些。

图2-1　韩熙载夜宴图

③ 视野。人眼的视野很宽，水平方向约220°左右，垂直方向约130°左右，呈椭圆形。但在通常的显示方式中，图框均在视野之内，因此缺乏立体视觉的身临其境感。为此，增大画框或者使画框不清楚，可以增强立体感。例如，宽银幕电影的立体感就比窄银幕的强，而全景电影由于没有画框，立体感更强。

④ 光和阴影。物体上光亮部分和阴影部分的适当分配可以改变或增强立体感，阴影及影子产生的深度感也是心理学上重要的暗示。

⑤ 空气透视。对于同一场景，近处的景物比远处的景物或多或少有些模糊，这样也可以产生深度暗示。景物越远，其发出的光线被空气中的微粒（如尘埃、烟、水汽）散射越多，因而显得越模糊。

⑥ 重叠。当景物有相互遮挡时，也会产生深度暗示，如图2-2中就包含了锥体、柱体和立方体三个几何体，三个几何体在不同遮挡情况下将产生不同的立体视觉。

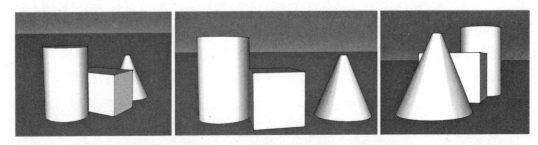

图 2-2 三个几何体在不同遮挡情况下产生的不同立体视觉

图 2-3 站在地上的人与地上的立体画融在一起的效果

心理学暗示所产生的立体感一般用于平面绘图中，如绘画和立体画，图2-3中看起来好像是站在地上的人与地上的立体画融合在了一起，呈现出了同处在一个奇异的世界中的效果。以心理学暗示或主观经验对图像产生的立体知觉不存在视差，即两只眼睛看到的图像是一样的，不能够通过移动眼睛或图片去看到物体的不同侧面。

以上内容说明了人产生深度知觉的公认的生理和心理原因。可是，我们在做设计的时候，该如何认识空间深度，或者说，该如何利用空间深度的知觉特征，在建筑设计作品的表达中，在美学层面提供丰富的深度体验，或者说空间体验呢？从认知现象出发，得到认知结论，中间存在着一定的黑箱，有些是科学也暂时无法说明的。人在日常生活中，处于一种自然思维的状态下，在这个状态下，人们对客观环境的认知在很多方面取得了共识，不会因为一点点的歧义造成生活的不便。但是在我们将客观现象或者自然规律作为一种科学原理来学习的时候，就必须刨根问底，将认识对象的前因后果理解清楚。空间深度更是如此，我们不禁要问，空间深度是如何产生的，是天生的吗？如果不是，空间深度的认知有什么科学规律？有哪些科学规律是可以应用在空间深度的表现方面？为了回答这个问题，必须分析身边的空间深度认知，分析感知出现突变的情况下，理解原本的认知规律的可能性。本书选择心理学大家都熟悉的视觉悬崖实验、先天性盲人恢复视力的实验以及斯特拉顿实验来说明这个问题。

2.1.2 视觉悬崖实验

视崖即"视觉的悬崖"。视崖是美国生态心理学家沃克和詹姆斯·吉布森设计的一种用来观察婴儿深度知觉的实验装置。装置的中央有一个能容纳会爬的婴儿的平台，平台的一侧下陷数尺，两边均有厚玻璃。玻璃下面铺着同样黑白相间的格子布料。一边的布料与玻璃紧贴，不造成深度，形成"浅滩"；另一边的布料与玻璃相隔数尺距离，造成深度，形成"悬崖"（图2-4）。这项研究的被试验者是36名年龄在6～14个月之间的婴儿和他们的母亲。每个婴儿都被放在视崖的中间板上，先让母亲在"悬崖"一侧呼唤自己的孩子，然后再在"浅滩"一侧呼唤自己的孩子。研究中，9名婴儿拒绝参与而离开中间板。当另外27位母亲在"浅滩"一侧呼唤她们的孩子时，所有的孩子都爬下中央板并穿过玻璃。然而当母亲在深的一侧呼唤他们时，只有3名婴儿极为犹豫地爬过视崖的边缘；大部分婴儿拒绝穿过视崖，他们远离母亲爬向浅的一侧，或因不能够看到母亲而大哭起来。

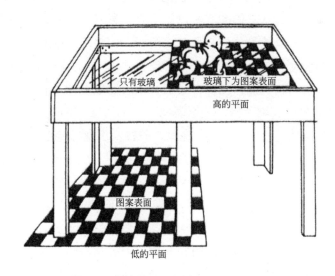

只有玻璃　　玻璃下为图案表面

高的平面

图案表面

低的平面

图 2-4　观察婴儿深度知觉的实验示意图

著名的视觉悬崖实验说明，刚会爬的婴儿已经具备相当好的深度知觉。国内郭静秋等研究了正常3～12岁儿童的立体视锐度，认为立体视成熟期在3岁以前。一般认为4个月开始发育立体视觉，到3岁左右开始成熟。视觉可以视物之后，伴随着身体运动机能的拓展，深度立体视觉逐渐发育成熟。因此，运动知觉在立体感的形成中起了重要的作用。视力的成熟并不等于深度感觉的实现，还需要进一步的发展，或者说深度知觉并不是天生的。而是在日后的生活中，逐渐学习并习惯了深度视觉带来的感受，需要在身体触觉的参与下，逐渐实现深度知觉的完整性。当然，不同年龄的深度感知也是不同的，同样年龄的人，视觉深度感知的敏感程度也不同。

2.1.3　先天性盲人恢复视觉实验

为了理解成人眼中，深度知觉的发展，我们可以将恢复视力的先天盲人作为参照对象。先天盲人没有视觉，是否能够在重新具有视觉的时候，将立体视觉视为理所当然，是我们思考的内容。虽然在触觉听觉的帮助下，他们具有深度的概念，但是恢复视觉的眼睛会不会感知到深度呢？美国麻省理工学院教授帕万·辛哈认为，为先天白内障患者做手术恢复视力之后，检查他们眼中视觉影像的变化，就可以说明问题。对明人（生而具有正常视力的人）来说，他们能利用一整套"原则"来观察这个三维立体的世界——如果物体A遮住了物体B，那就说明A更近；一个物体越远，它看起来就越小。实验证明，那些得到医治而刚刚获得视力的人不了解这些原则，他们的视觉世界是模糊和二维的。这些人的描述中，经常出现"平的、有暗色斑点"这类形容；离得很远的房子是"不远，但需要走一大段路程"；透过玻璃看路灯是"贴在窗户上的发光污渍"；树枝间洒下阳光的话，则是"挂满光的树"。

也有的学者利用绘制立方体的方法对比研究了盲人和明人的空间建构过程。最后得出的结论认为虽然二者的发展均需要五个阶段，但是却存在着明显的差异。明人绘画的第一阶段没有投影关系；第二阶段表现为正面投影；接着第三阶段是过渡阶段；第四阶段是相当于成角轴侧的斜投影；最后在第五阶段能画出带有视角的透视图。盲人需要在更多的学习与训练之后，才会具有如同明人一样的空间观念。在第一阶段，盲人画出的是一些杂乱无章的点和线；在第二阶段，出现了一组带有少许特征的线条；随后在第三阶段，他们可以画出带有部分特征的面，不过，这些面是同时出现在平面上的；在第四阶段，各部分之间的奇怪关系逐步减少；最后的第五阶段，他们会画出整体上协调一致的图画，不过这种总体上的和谐属于正投射系统。比较明人和盲人在空间表象上的发展阶段，显而易见，盲人空间表象发展的最高阶段仅仅相当于明人的第二个阶段。在这个阶段上，盲人通过自身的努力无法自然而然地跃进到明人的第三个阶段，更不用说画出斜投射和视角投射（散点透视）的图形了，但是，通过"教育的介入"和被试"学习的热情"，先天盲人可以越过明人空间表象的第二阶段，达到第三和第四阶段，有的甚至可以达到第五阶段，画出带有斜投射、汇聚线、前缩透视、视角投射的图形。但是这种空间观念也是在身体的活动之中建立起来的，并不是依靠理性的纯粹建构，或者说日常生活中的经验积累。生活思维所建立的空间概念并不足以说明空间的深度。那些看似有道理的说明往往存在一些漏洞。打破这个框架，认真分析会发现其实空间的深度是建立在活动之中的，是实践顿悟的过程，而不是单纯依靠学习，积累知识就能够得来的。

以上实践证明,触觉会对空间的感知起到重要的作用,但是仅靠触觉无法实现空间知觉的建构,仅靠视觉也同样无法实现,深度知觉是由触觉与视觉二者的共同作用得来的。当然听觉也在帮助空间知觉的建立,最终是身体的综合作用,构成了空间深度知觉。

2.1.4 斯特拉顿实验

以上列举了婴儿以及盲人的空间深度建构经验,这些人群的身体生理条件比较特殊,感知经验不太容易被正常的成人所理解。为了更好地理解深度概念的建构,我们还需要新的实验。为了突破已经建立的牢固的日常思维的束缚,这类实验只能寻找在空间知觉转换的时候来探究成人空间知觉成立的条件。美国心理学家斯特拉顿所做的心理学实验为我们提供了这种日常生活中很难遇到的原初空间经验,即空间方位发生动态变化的经验。知觉现象学哲学家莫里斯·梅洛-庞蒂将其称为"空间经验的分解与重构"。

实验持续了七天,具体进程及各阶段被试反馈的情况如下所述:

① 第一天,实验开始。被试验者戴上一副能使视网膜形象变正的特殊眼镜。整个视觉景象立刻显得颠倒和不实在。各种新的视觉显现被孤立地凸显在旧的空间背景中。

② 第二天,正常知觉开始恢复。景象不再颠倒,但被试验者仍然感到身体处于颠倒或不正常的位置。

③ 第三天,各种外部对象越来越具有"实在性"的外观。但被试验者仍需作出有意识的努力,才能使新的视觉显现重新融入有方位的视域之中,但最后(第七天)被试验者无需任何努力就能做到这一点。从第三天到第七天,身体感觉逐渐恢复正常,最终被试验者能感到身体已完全处在正常位置,尤其是当被试验者行动比较积极活跃时更是如此。如果被试验者一直躺着不动,那么身体仍呈现在先前的空间背景中,直至实验结束。

④ 第五天起,最初容易受视觉颠倒的误导而必须加以纠正的动作,现在已经能够准确无误地做到了。

⑤ 第七天,如果有声对象在被听到的同时也被看到,那么声音定位是准确的,但是,如果不能被同时看到,声音定位就会是不准确甚至是错误的。

从斯特拉顿实验看出,人的空间知觉是在身体经验条件下,也就是有实践体验的帮助才得以确知的,如果没有,仅仅是躺在床上,则不能发生空间知觉的变化。同时,空间知觉的建立也要有大脑的帮助,只有在主观能动的作用下才会适应新的方向方位。如果仅有主观性,没有身体的实践,则被试戴上眼镜的一刹那,至少是在短时间内,空间方位就应该得到纠正,而不用后续身体活动的参与。空间知觉也不能仅仅是视觉经验感知的,若是的话,视觉感知的空间印象就永远都不会变正。这种现象,被莫里斯·梅洛-庞蒂解释为是由现象学身体与现象学空间主导而成的。只有在视觉现象中,身体与大脑不断地适应调整才能够得到新的视觉印象，人的视觉需要依靠现实环境才能得到充实与印证。

以上三个知觉实验证明，人类的统觉发展决定了对深度的知觉，深度并不仅仅是经由视觉所得，无论是生理学还是心理学的解释，空间深度知觉都绕不开视觉、触觉以及身体统觉的综合作用。这种空间概念中对深度的知觉，是在身体主动参与的条件下构建的。仅仅是理性的认知，会使概念的理解偏于简单化，并不能对其有深刻的认识，或者说无法作为一个有复杂内涵的知觉问题呈现出来。在自然态度起作用的基础上，无法产生对问题的探索性的认知。就如同科学是在生活中的理所当然中寻找出研究问题的所在一样。作为建筑师或者建筑学专业的学习者，我们应该认识到深度知觉的产生并不是先天的，而是需要经过身体力行的学习与感知，才会主动建构形成的。

2.2
深度知觉的哲学阐释

对空间深度的感知，离不开视觉成像原理的认知。从古希腊开始，哲学家和科学家就在探索视觉成像的生理科学原理。在《光学》一书中，古希腊数学家欧几里得探讨了透视的原理，并解释了眼睛为什么可以看到物体，他认为这是由眼睛发出的光，直射到物体上，人才可以看清物体。大约在公元1000年的时候，阿拉伯学者海赛姆通过实验证明，人之所以可以看到东西，是由于物体上的光线反射进入人眼，就此，他推翻了欧几里得关于人眼发出光线的理论。海赛姆还对人眼进行了细致研究，并提出了视网膜、角膜、玻璃体等沿用至今的概念。文艺复兴以来，在解剖学基础上，人们逐渐认识到视网膜成像的生理学原理，并以此来解释空间深度的获得。但是，请大家注意，视网膜成像到大脑中形成视觉感知并不像我们想象得那么简单，视网膜所成影像并不等于最终的视觉感知。外界物体反射光通过眼睛前部的生理构造到达视网膜形成图像，这是一个简单的物理过程。而视网膜成像转换为头脑中的视觉感知的过程原理，是随着科学的发展才逐步被人认识到。直到今天，我们可以从视神经与大脑神经功能区的共同作用原理来解释视网膜图像到大脑中视觉印象的基本过程。这并不是机械的线性过程，光学刺激转换为神经脉冲的电信号过程也不是简单的因果关系，而是掺杂了选择、记忆、统觉等多线程的神经网络处理过程。这其中，空间的深度知觉仍然需要我们进行哲学与美学的辩证认知。

深度感知涉及到人类的两类基本感知，即空间与时间。因此，近代以来的哲学传统中，就对空间的深度问题有着比较全面的论述。从笛卡尔开始，哲学家和心理学家做出了诸种不同尝试。鉴于如何诠释"深度"问题，牵扯到"空间""视觉""身体"等哲学关键词，因而，我们考察深度知觉的几个重要哲学解释，会让我们更加深刻地理解空间深度的内涵。

2.2.1 笛卡尔的几何学深度观

在《屈光学》中，笛卡尔从心智分析的几何学角度处理深度视觉。他认为，距离（深度）判断是通过从眼睛发出想象的直线在物体上交会的角的大小实现的；眼底所对的角度越小则与物体的距离越大（深度越深），我们借助各个角的综合知觉到对象的大小和距离。传递方式是通过对象，经由眼睛再到思想。这意味着，是否"直接"知觉（看）到对象并不在认识中占据核心位置，对笛卡尔来说，先天性盲人通过触觉和数学解释也能明了视觉学说。笛卡尔认为人对空间深度，或者说客观对象与观察主体之间的距离，是由人的双眼视觉感知到与对象的不同几何角度决定的。而这个几何角度的感知，需要人类理性具有先验的几何理念能力。但是这种几何理念能力如何得来，我们无法证实，实际上也就无从可知。这种理论似乎可以解释空间的深度知觉，但是发展到后来受到了经验主义哲学家的质疑。

2.2.2 乔治·贝克莱的经验论深度观

英国经验论哲学家乔治·贝克莱在《视觉新论》一书中，对笛卡尔的深度视觉理论提出了质疑。他认为，深度纯粹是一个视觉问题，不能用实际并不可见的几何理念替代解决。实在的光学只研究直接经验的视觉问题，乔治·贝克莱将生理学和几何学抛开，试图单纯根据视觉材料建立一种新的视觉学说。

按照乔治·贝克莱的理论，由于视网膜是二维的，不能直接反映第三维度，所以深度本身并不可见。如果按照几何学说，外在对象反射的光线以若干直线呈现给眼睛，不管距离远近，这些表示距离的垂直于眼睛的线在视网膜上呈现的只是点。由于光线只能"纵落"在视网膜上，而不是"横落"，所以眼睛能看见的只有一个个点组成的长和宽；深和厚，即视线中的距离根本无法通过这些点被看见。归根结底，深度不过是从侧面看的宽度。

简单地说，乔治·贝克莱认为，类似《屈光学》中所言的"线"和"角"本身在现实中用肉眼是看不到的，数学家以这样的概念来解释距离，但对不精通光学的普通人来说，这是完全陌生的知识，又如何在经验中经由两条光轴的夹角判断深度？笛卡尔的学说可以解释深度视觉，甚至在科学实践中应用，但却有悖于最常规的知觉经验。既然线和角并不真实，他们在自然中也就不是实在的存在，要知觉深度只能以实在的存在和其他观念作为媒介。

虽然视觉和触觉存在着根本差异，但对象的"可见属性"和"可触属性"却有一种实在的统一性，这种统一性至少在空间中是一致的。按照乔治·贝克莱的理论，所见深度是借由经验得出的假象（侧面看的宽度），而所触深度则是实在的。即便所触深度和实在的深度是两回事，但它们都是实在深度的"标识"。触觉和视觉所给予的感觉材料，以及关于情境中各种关系的经验与判断，都只能作为构造深度时的根据。因而，要点在于厘清何种观念或感觉伴随视觉而来，与深度观念相关联，并将其引入心灵之中。乔治·贝克莱认为：首先物象离我或近或远的位置变化带来了两眼位置的变化，眼睛的这种排列和运动能够引起一种"筋肉感觉"，这种感觉就是心灵产生距离长短的观念原因之一；其次筋肉的感觉与距离之间的联系并不必然，因而先天性盲人无法在复明后突然从视觉上把握到深度。人们通过恒常的经验发现这种筋肉感觉经常伴随物象的不同距离出现，这两种观念便因为习惯被联系起来。乔治·贝克莱由此断定，深度判断只是经验的结果。

乔治·贝克莱对笛卡尔深度观的批判在某种程度上的确切中了要害：一方面在距离判断中，没有人敢于声称能够直接观察到光线之间的夹角；另一方面，笛卡尔无法解释动物、儿童以及没有几何学知识的人何以凭借几何解证知觉深度。

但是，乔治·贝克莱虽然批判了笛卡尔，可是人毕竟是有主观能动性的，某种理念的存在却是必然的，没有这种理念的框架，我们也无从进行理性的交流。起码，对空间深度的概念解析，我们都是可以说清楚的，没有这种概念的事先存在，我们又怎么能提出这种说法呢？也就是说，这种从经验到概念的飞跃到底是发生在知觉的哪个过程呢？

笛卡尔的论证预设了一种心灵所固有的"天赋观念"能力；霍布斯和康德等哲学家也主张，如果没有一种先天地分开空间中的事物和时间上先后的先验观念，单纯凭借经验习惯，人们其实无法从知觉中获得有效材料。但是没有这种知觉过程，主体也没有可能获得知识。反应在空间的认知过程中，康德否认笛卡尔的绝对空间观，也就是说，空间并不是独立于人存在的绝对之物，而是由人的主体认知可以把握的对象特征。康德也否认完全经验主义的观念，认为主体具有主观能动性，可以在理性的作用下获得空间知识。空间认知的过程在于，一方面主体通过感官，经验地认识了对象事物，同时，因为主体的先验能力，可以将经验材料范畴化组织成为某种抽象知识，从而为人所把握。而在这个过程中，人的主体理性通过时间图式的作用，得以连接对象材料与主观范畴。康德强调了主体的理性作用，凸显了人的巨大作用，而实践成为认知的重要一环。康德的空间观念一度成为西方主要理念的发展基础。

在康德的影响下，对主体认知过程的研究逐渐成为重要的方向，心理学也借由此发展起来。在后续的心理学发展过程中，格式塔等心理学的观念对空间观念或者空间深度的认知起到了重要的推动作用。但是，传统的哲学观念始终是建立在身心二元论的基础上的，也就是说，忽略身体在感知过程中的作用，认为主体对世界的认知，主要是心灵在起作用，与肉体，或者说，在世存在的身体关系不大。心灵作用或者说理性作用是人作为主体的在认识世界过程中的重要依据。

2.2.3 莫里斯·梅洛-庞蒂的知觉现象学深度观

现象学哲学是在康德哲学基础上发展起来的，以埃德蒙德·胡塞尔为代表的现象学家将空间作为一个重要的认知维度，并提高到与时间一样的高度。埃德蒙德·胡塞尔通过"侧显"的概念，论述了人在认知过程中，能够通过意向性的认知，将局部感知为空间中的整体。而莫里斯·梅洛-庞蒂则紧紧抓住身体在感知中的作用，论述了现象学的知觉本质，其中深度问题不可避免地成为莫里斯·梅洛-庞蒂的论述对象。在《知觉现象学》中，莫里斯·梅洛-庞蒂特意说明了空间的深度问题。他认为，无论在经验主义者还是理智主义者那里，"深度都被默认为是从侧面看的宽度，正是这个原因使深度成为不可见"。这种等同于宽度的深度与实际体验不相符合。现象空间是有具体情境的空间，因此，我们只能在具体情境条件下，在视域结构中理解现象空间的深度。我们在空间之中，意味着我们是被空间所包围、所环绕，甚至所渗透的。"我们存在于世界之中。但，是被其围绕，而不是与其相对。因此，一个物体与另一个物体是相互遮掩的，物体永远不是一个在另一个后面的。""世界围绕着我而不是在我眼前"。我们的身体在不断的运动中，在不断的空间建构中逐渐领会到深度。因此，深度并不是如上帝视角的透视关系解释的正面视角。现象学的感知，是在身体图式理解基础上的感知。不存在独立的深度，而是与身体空间、与上下方位、运动整合的体验。刘胜利将这种连续的过程称为"过渡"，只有在不断的过渡中，深度才是直接可见的。"它实现综合的方式是从一个视角到另一个视角的'过渡'。……这种综合是通过知觉主体的观看活动来实现的。就此而言，现象深度是一种'直接可见的'深度。""单凭视觉的动感系统只能构造深度因素，而不是真正的深度维度"，真正的深度维度只能在身体运动参与的情况下获得。

莫里斯·梅洛-庞蒂继续解释说明，虽然我们可以用两眼成像的视差（幅合）或者视网膜成像大小来解释深度，但是即使是格式塔心理学家也证明视大小并没有成为被知觉的事实。因此，现象学的空间深度是在综合的统觉作用下实现的，是在一种具有图底关系的知觉综合作用下实现的，是在现象身体条件下实现的。"体量、光线、颜色、深度，它们都当着我们的面在那儿……因为它们在我们的身体里引起了共鸣"。

深度无法被视觉直接感受到，同时视大小与辐合、视差并不足以解释深度知觉的产生。"辐合，视大小和距离必然地相互代表、相互表征、相互表示，它们是一个情境中的抽象因素，在情境中是可以互代的。"我们既观察到了与对象距离的变化，也观察到了对象在视网膜上成像的变化，才以此说明深度产生的原因。实际上，视网膜成像的变化是如何被主体意识感知为深度，我们并未知晓。如果没有一个上帝视角看到距离的变化，或者事先不知道距离的变化，只是给被试以视网膜的光学刺激，被试不一定会将其理解为距离的变化。如果我们远距离观察一个没有见过的场景就会出现这个问题，如同用望远镜观察太空中的物体，无法判断天体的视大小是否是天体距离变化引起的。莫里斯·梅洛-庞蒂将这种非因果关系说明为动机与结果的关系，从而说明，主体在感知到视网膜变化的时候，已经知道距离在变化了。因此，从某种意义上说，深度也是一种错觉。

总之，因为身体空间是一种处境性空间，所以它并不表征为传统意义上抽象的长、宽、高三维。现象空间中的深度，也不是三维空间下的深度，而是身体空间条件下的深度，是在视域结构之下的情境中的深度。不是视觉在单独的起作用，也不是视觉与触觉在起作用，而是如同生态心理学家詹姆斯·吉布森所阐述的身体的知觉系统综合的统觉在起作用。与运用长、宽、高维度解释物体相比较，因为深度解释主体与空间的关系，是一个最富生存论意味的空间维度。

2.2.4　生态心理学的空间深度观

以詹姆斯·吉布森为首的生态心理学家，也对空间深度概念进行了心理学的说明。詹姆斯·吉布森认为人在环境中的运动构成了对环境感知、深度感知的基础，深度感知是一个动态的过程。这种感知需要理解生态光学的变化，需要物体表面肌理的变化，以及人在感受到这些视觉、触觉与听觉等统觉信息中所作出的判断。他提出环境光源阵列的观点。考虑了生态环境光的结构问题，包括不变的主要结构与变化的结构。太阳照射在地球上，因为地面环境岩石、土壤、植物以及人工环境所形成的凹凸肌理不同，以及透明度不同，形成不同的光反射与折射效果。这种效果，被运动状态的人所感知，并在身体统觉的作用下，形成对环境的感知印象，这个过程是环境与人的交互构造过程。也即是说，生态心理学并没有将感知的黑箱解释为单向的人的神经综合作用，而是将这个黑箱归因为环境与人的相互作用之中。环境光源阵列的体验是包含了身体运动、统觉在内的感知，这种感知本身就是互动性的。在这种感知条件下，形成了环境的可供性。人在环境中的活动行为，与环境的某些属性是刚好契合的，二者产生的默契就是"可供性"的具体表现。从生态心理学的观点看来，光源阵列的肌理和光影效果是人对环境直接感知的来源。在建筑设计中，越复杂的光影效果也就越容易被人体感知，也就越有美感。简单梳理建筑形态发展的历史，从古埃及神庙、古希腊神庙、古罗马的公共建筑，到中世纪的哥特式教堂等，外部形体效果确实越来越呈现复杂的光影效果。

2.3
情境中的动态深度知觉

在以上论述的基础上，我们认为，空间深度的感知，不能通过线性透视关系理解。人在环境中运动的存在，无论是眼球的活动、头部的活动还是身体的活动，都决定了人对环境空间的感知并不是静止的画面，并不能简单地放进呈现数学关系的线性透视框架之中。对空间深度的感知，也不能通过连续的透视画面来理解。因为环境空间从本质上说，并不是静止的几何空间按照一定的空间序列进行的连续阵列。人在空间中运动形成的深度知觉，并不完全是纯粹视觉的，也并不完全是按照事先规划好的路径与视觉关注点一路展开的。在永远连续的空间体验中，在不断发展的深度感知过程中，人从出生开始就生活在环境中，处于场所中，空间序列的终极起点，就是生命的起点，终极终点就是生命的终点，极点高潮就是生命的高光时刻。局部的空间片段所具有的相对起点、高潮与终点必须与场所当时的复杂空间运动感知相结合才有意义。空间深度的感知，也并非无法把握的杂多体验，完全碎片化的经验片段叠加。这种认识，否定了人的主观能动性，否定了身体感知对空间深度的组织作用。在人–环境的交互构造中，深度感知是有整体感的情境化的空间深度连续统一。就如同立体派绘画对空间深度的表达一样，虽然不是几何透视关系，但是仍然可以看出其中的空间深度表达。

对于空间的深度感知，并不是像乔治·贝克莱的经验论的说法，建立在纯粹感觉经验基础上的，也不是笛卡尔式的理念论的说法，建立在几何关系的基础上，它应该是建立在感知现象学与生态心理学基础上的感知，是建立在人–环境交互构造关系上的感知。人们的环境感知，是意向性中的感知，人们总是事先知道了想要感知的东西，或者说有某种思绪的引领，于是才确定知道了想要的东西。这种感知的范畴，并不一定是几何形状，而是身体意象或者说身体图式的感知。也即是对不确定的形状的弱中心化，非边界的感知。当然，这种感知也并非完全非几何化的，而是更接近拓扑几何、分形几何等非欧几何形式。着眼于非欧几何、着眼于复杂性科学、着眼于不确定性，使现象学或者生态心理学的空间感知，成为对空间深度理解的崭新维度。

综上，只有在具体情境中，才呈现空间深度。也只有在情境中，作为肉体的人与物质环境才相互构造融合。空间深度是在运动中感知的深度，是在与环境的互动中体验到的维度。动态的深度感知是在身体运动中，依据行为目的的不同，逐渐清晰呈现的交互构造关系，在沿着动线运动过程中体验到的非确定性的空间深度，才是根本上的空间深度。

2.4
建筑师对空间深度认知的应用

我们对事物的理解，在于身体与物质的关系。当我们感知到或者说触摸到一个物体，我们并没有感知到对象，而是感知到身体与对象的交互构造关系，就如同左手摸到右手。因此，身体的物质性是非常关键的。主体经过身体的物质性，与事物打交道。

这就意味着，身体的形态、姿态、重量，都在其中起到了作用。我们对建筑的感知也是如此，感知到的是与建筑的关系。建筑虽然是经验性的，但是因为是人在其中使用，带来了空间的深层感知体验，从而让这种经验性的空间具备了类似于平行空间般的深层体验，在体验的时间中呈现出不同的场所。

建筑空间深度是空间的重要维度，与其他空间事物比较，建筑本身就带有实践性的深度，因此建筑师对空间深度的认知，也决定了对建筑设计的态度。通常的建筑师都是以常识视角来看待空间深度，而一些著名建筑师则以空间深度的感知为依据提出设计理念。著名现代主义大师勒·柯布西耶在《走向新建筑》中认为，一方面人对建筑体块空间的感知是几何化的，可以直接体验到几何形式。另一方面认为人在空间中的视觉经验并不是如同巴洛克城市建筑所安排的那么僵化，而是在不断的运动中形成的空间体验。从这两方面的观点可以看出勒·柯布西耶对几何空间形式与人的视觉体验两方面的深入思考。

勒·柯布西耶将人的视觉经验认定为可以体验到几何形体，但是这种观点显然是理念论的基本观点，认为人有先验的主观预设。但是实际上，从乔治·贝克莱以来的经验主义就已经在试图推翻理念论的观点。我们实际上并没有感受到几何形式，或者说，几何形式并不是直接感受到的，我们直接看到的是物质材料的肌理、色彩等特征，谁也不会认为自己一眼就看到了正方形等各种平面形状，或者立方体、球体、金字塔等三维形状。因此，勒·柯布西耶关于视觉与几何形式的论述，本质上也是一种具有哲学特征的问题，也就是，建筑形式的感知问题。我们将建筑感知为何种形式？几何形式？还是杂多的物质属性？勒·柯布西耶的观点，即在视觉中看到几何形式，就是康德空间观的某种具体解释。将几何形式赋予视觉感知，就是将先天直观与实际经验的结合。文艺复兴建筑师的几何形式应用，虽然照顾到透视关系，但是，实际上较少考虑人的具体视觉经验。如果说这种线性透视关系下所形成的几何空间，是静止的、绝对的，类似于神庙空间。勒·柯布西耶的建筑几何形式显然具有了动态的经验属性。尤其是他后期提出的空间漫步观点，并将其应用在萨伏伊别墅等建筑中呈现出了丰富的视觉体验，这些都可以看作是勒·柯布西耶将人的理性感知与视觉经验充分融合的伟大尝试。他对文艺复兴以来线性透视法则的某种突破，创造了丰富的建筑实体空间效果。建筑作品既有几何空间的纯粹性，也有视觉经验的生活性与丰富性。

勒·柯布西耶强调空间体验中的视觉经验，是建筑中主体感知要素的一次重要彰显。而当代建筑师在身体空间性的深度表达方面，主动运用了身体方位、运动、统觉等因素来凸显建筑的深度空间性。例如，史蒂文·霍尔的作品就凸显了建筑现象学的观点，在建筑中引入了身体概念。认为，"身体"是人在建筑中存在、定位、感知，联系自身与世界的中介，是融合一切建筑质料的知觉整体。他的做法之一是在作品中突出垂直楼梯的空间运动效果，强调身体与空间的融合。雷姆·库哈斯重视人在空间中的运动，在他设计的鹿特丹艺术厅中就体现出了他与勒·柯布西耶不同的运动观点；SANAA建筑事务所在金泽美术馆与劳力士学习中心的设计中也体现出新的"建筑漫步"理念。

1.建筑空间的深度知觉有哪些来源?

2.空间深度知觉实验给了我们什么启发?

3.建筑空间的深度知觉是来源于几何形式吗?

4.建筑空间的深度知觉与身体的关系体现在哪些方面?

5.如何利用建筑空间的深度知觉进行建筑空间的设计?

6.当代建筑师在空间深度知觉方面有哪些实践做法?

第**3**章

建筑的几何形式

文艺复兴至现代建筑以来，视觉感知在建筑设计中得到了充分的重视，甚至形成了所谓的"视觉霸权"。我们首先学习视觉感知中重要的几何形式。

勒·柯布西耶认为，人在地面视角的视觉感知过程中，可以将建筑实体作为几何体块把握。几何形式是一种抽象形式，因为与数学的紧密关系，被认为是西方古典建筑的理念来源，几何形式的发展变化也成为西方建筑形式发展的一条主线。处于地面视角的人们，所感知到的是杂多的物质世界，他们是否也感知得到需要智性参与才能抽象得出的几何形式呢？如果如同康德所说，人本身具有联系可知与可感世界的能力，在地面视角的实践体验中，人们不断总结与抽象，建构出人可以理解的阐述与说明，那么，建筑实体与空间就可以被感知为抽象的几何体块。

3.1
建筑历史中的几何形式

几何学作为一门基础科学，在研究建筑形态和空间关系方面起着非常重要的作用，一直以来与建筑设计之间都存在着密切的联系。在人类几千年的历史中，建筑师在设计操作和施工实施过程中，无论是有意还是无意，都是在几何的基础上完成了相关的工作。正是建造，赋予建筑以几何性。没有几何理论的支持，我们所有的建筑活动都几乎无法进行，从开始的建筑形式选取到最终的建造，它无所不在。离开几何科学的支撑，建筑的建造犹如空中楼阁，抽象形式也不能实现物化。因此，几何性是建筑的一种本质属性，任何一个建筑师也不能脱离这种属性。建筑历史学家罗宾·埃文斯甚至说，建筑是一种源自几何视觉艺术的艺术。纵观历史的发展长河，几何学在整个建筑学中的角色可简单分为三个不同阶段。

3.1.1 古埃及、古希腊时期

几何学知识的来源可以追溯到古埃及，最早是作为长度、角度、面积和体积的经验原理用来开展测绘、建筑、天文工作的。这一时期，许多大型建筑的建造都是利用二维平、立面图对建筑应该具有的和谐数理关系进行控制。

以几何为基础的建筑最早的实践者之一是建筑师和工程师——伊母赫特普（Imhotep），他在公元前2468年设计并建造了阶梯式金字塔。基于几何学的阶梯金字塔被证实为古埃及第一个切实可行的金字塔方案，它利用比例来控制包括平面、立面和剖面在内的整个形式体系，成为了埃及大金字塔设计的基础。

吉萨金字塔群在金字塔艺术中取得的成就最高，屹立在尼罗河畔的胡夫、哈夫拉、

图 3-1　胡夫金字塔

孟考卡拉3座金字塔，以简洁、单纯、高大雄伟的锥体外形蕴藏着古埃及人高超的智慧。金字塔的形体和大小，以及建构所需的巨石数量，都是事先经过仔细计算的。其测量和砌筑都十分精准，砖与砖之间的缝隙严密到连刀片也插不进去，一点误差都没有，如此精良的建造水准足可与现代技术媲美。

以胡夫金字塔为例，其塔底的面积虽然大得可以容下6个足球场，但误差仍可精确到仅以毫米计。胡夫金字塔高146.5m，各底边长为230.38m，斜边长219.09m，坡面倾斜角度51°51′，塔身共有250阶层。底边长与斜边长之比 $a/b \approx 1$，所以它的4个斜面是等边的三角形，如图3-1所示。

黄金分割以其美丽的几何比例，从古埃及开始就被用于庙宇和雕塑中。胡夫金字塔的建造就已经利用了这种几何特性，根据现有资料研究发现，如果用胡夫金字塔底的一半除以它的斜边，就会获得 $c/d=0.618$ 的黄金比例。

事实上，以古埃及的技术水平，能够进行基于比例的几何知识和基于数学关系的构图规则的设计，在实施过程中，建造者都能够准确地遵循图纸，砌筑几百万块沉重方石，最终形成巨大尺度和体量的金字塔建筑，古埃及人确实展示了惊人的建造成就。

3.1.2　古罗马至文艺复兴

在古罗马中期之后，数学和逻辑推理迅速发展。欧几里得几何学不仅成为一门系统科学，而且开始为建筑设计提供技术支持。这一时期的学者致力于数与美的统一，对称、秩序、比例、尺度成为最高的美学原则。通过这种方式，建筑师试图将欧几里得几何的特征和宇宙的客观规律运用到建筑设计中，从而表达他们对世界和空间的看法。维特鲁威通过把人的手和脚向外伸展，形成了正方形和圆形这两个最完美的几何图形，得出了人体是自然形态的完美表现的结论。他的著作《建筑十书》为古典时期的建筑奠定了审美和技术基础，也是第一部将柏拉图的抽象几何和建筑技术结合起来以满足广泛的建筑和工程需求的书。

古罗马之后直到中世纪，拜占庭建筑和后来的哥特式建筑有很大的影响力，形成了独具特色的结构和技术。拜占庭建筑在古罗马拱门和圆顶技术的基础上继续发展，取得了巨大的成就，发明了敞开式柔性帆拱（图3-2）；哥特建筑则由于采用了尖拱、尖券以及飞扶壁等构件，从而营造出了一种轻盈和向上的动态氛围（图3-3）。这些形式和结构都是在吸收了古希腊和古罗马的几何学基础上，结合建造材料特性日益成熟而进行的应用，美学和力学以及建造技术都统一在了背后的几何理性之中。

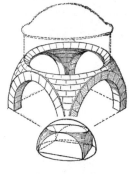

图 3-2　圣索菲亚教堂及其帆拱示意图

图 3-3　采用了尖拱、尖券以及飞扶壁等
构件的哥特式教堂骨架结构示意图

　　以哥特式建筑拱肋的构造为例。一般来说，其构造的基本单位是在正方形或长方形的平面上用柱子的四个角做一个双中心的骨架尖券，四边和对角线上各一道，屋顶板安装在券上形成拱顶（图3-4）。这样，就可以在不同的跨度上制作相同高度的券，拱顶轻巧、交线清晰，减弱了券脚的推力，简化了施工。

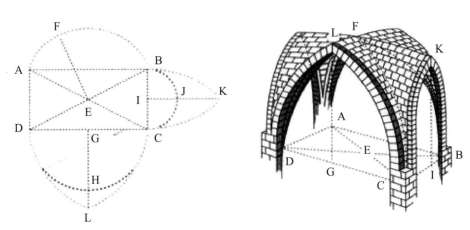

图 3-4　骨架尖券的几何原理图

　　在文艺复兴时期，新资产阶级主张向古希腊古罗马学习，试图将人性从中世纪宗教的束缚中解放出来，希望建立一个人性化的世界。文艺复兴建筑摒弃了哥特式风格

单调乏味的装饰，提倡古希腊古罗马建筑风格的复兴，和谐理性的构图元素再次成为建筑的主题。力学的发展和透视法的运用，使这一时期的建筑师和艺术家更加注重理性和客观的设计理念。虽然体现出了对欧几里得几何学的重视，但建筑设计语言趋于单一。建筑师坚持追求绝对的、永恒的、理性的、有序的逻辑，对形式美的追求已经超越了功能和技术。

作为文艺复兴建筑风格的先驱，伯鲁乃列斯基的作品一般采用集中式几何，圆形和正多边形的建筑形式。在这些形式的基础上，通过模数来控制整个建筑的平面和形态，形成更加规则有序的空间形式。他在言辞中透露出对圆形的喜好，正如帕拉迪奥所说，圆和方的基本几何形状是最完美的，而圆很重要，因为它代表了宇宙绕着圆运动的形状。具体做法是，先建立一个基本模数a，之后以a为基础，或对半或倍数繁衍出整个立面、平面或体量。这都反映在他的早期作品育婴院与老圣器室（图3-5）中。

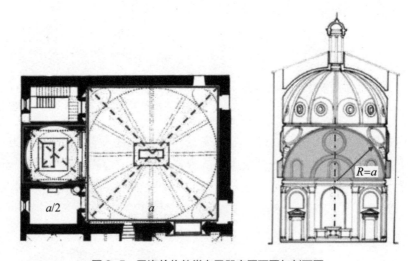

图3-5　圣洛伦佐教堂老圣器室平面图与剖面图

3.1.3　19世纪之后

近代科学的诞生是建立在牛顿经典力学、机械自然观及笛卡尔机械世界观基础上的，客观世界被视为一台巨大的机器，完全是可以被科学揭示、决定和预测的，人们以理性和抽象的方式去认识世界。新型的钢结构和玻璃材质也因为工业革命的推进，开始大量运用于建筑。传统的审美观念也被颠覆，工业社会开始追求"实用"与"效率"的美学。在理性主义"少就是多""形式追随功能"等美学观的影响下，放弃了外加装饰，追求简洁、功能至上的现代主义建筑开始形成，建筑形式呈现出更简单的欧几里得几何倾向。在19世纪，投影几何和画法几何得到极大的发展，成为了这一时期建筑操作的基础并产生了深远的影响。

现代主义经过一个世纪的逐渐发展，进一步完善了基于网格、轴线、模数等基本逻辑的几何学操作方法。建筑空间的观念也随着"匀质空间"和"流动空间"的概念被提出来而发生了转变。这一时期的几何形式正在实践中逐渐发展变化，在这样的前提下，单一整体的欧几里得几何形体不再是建筑空间的唯一的限制因素，反映空间结构和功能组织数学关系的几何形式，演化为为建筑服务的主要方向。几何作为一种数学关系和抽象的内涵，一直延续到今天，建筑平面、立面以及细部的约束与控制完全可以通过网格和模数实现。

例如在现代建筑的领袖人物勒·柯布西耶设计的加歇别墅中，他使用控制线将建筑立面的虚实划分、材料分割以及细部设计都控制在了一个严密的网格体系之中，如图3-6所示。它体现了黄金分割在整个别墅的设计中的连贯使用。在现代主义建筑兴起之初，建筑的几何形式并没有随着建筑风格、哲学及思想背景等因素的变化而发生过多的改变。除了勒·柯布西耶，其他现代主义大师们也都擅长运用几何形式，创造建筑空间与形体，现代主义建筑大多是各种几何体块的集合（图3-7～图3-10）。

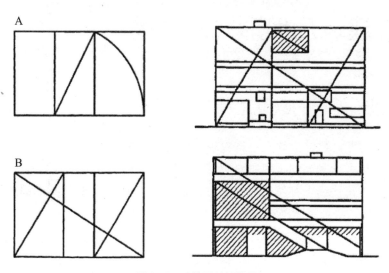

图3-6 建筑设计网格化

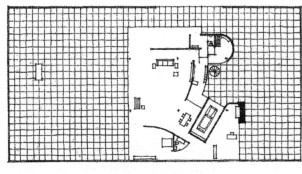

图3-7 密斯设计的住宅

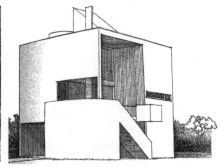

图3-8 格瓦斯梅住宅

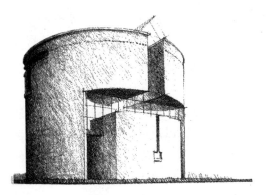

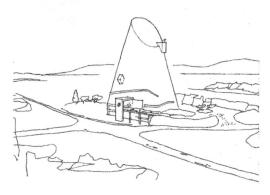

图 3-9　斯台比尔住宅　　　　　　　　　　图 3-10　圣皮埃尔教堂

3.2
对传统建筑几何形式的突破

3.2.1　建筑美学的欧几里得几何根基

在古希腊时期，数学家欧几里得对现有的几何公理进行整理和拓展，欧几里得几何由此诞生。从古典时期到折衷主义时期，以数学比例和几何形式为基础的古典建筑在美学原则和建筑实践上都达到了完美，建筑形态反映了具备秩序与规律的对称、母题、韵律、轴线、阵列等明确清晰的基本几何关系。

纵观建筑发展史，不难发现，数学所带来的基本几何关系与普遍审美秩序的影响在建筑形式思维领域是广泛存在的，这种传统几何学几乎成为了我们的建筑形式思维本身，在我们设计的思维中起到巨大的主导作用。几何学以其自然和谐、严谨的逻辑、普遍规律及独特的审美内涵等优势得到了众多设计师的青睐，几何学从比例、尺度、图形以及空间关系上与建筑设计过程紧密相关，成为一种最为基本的建筑设计方法与表现手段，在建筑设计过程中和最后结果的展示中都有十分重要的作用。事实上，欧几里得几何的客观性和简洁性，操作的便捷性和长期的施工经验，已经形成了成熟的体系。

3.2.2　传统欧几里得几何的发展困境

在现代主义时期，大多数建筑形体被呈现为基本几何形状或其组合，呈现出普遍的个性的逐渐丧失。网格、轴线、模数成为了几何学的基本语言，这一阶段的建筑被简化和抽象为几何学，失去了对外部环境因素、互动关系和人文特征的敏感性。纯几何的几何形式实际上是作为一种信息含量最低、结构秩序最低的特殊情况而存在的，它丧失了情感与物质。因此，只有人为地建立一些中间环节，才能更有说服力地表达建筑的精神价值或人文价值。无论是对自然的模拟，还是基础几何的象征主义，这种中间环节的建立，就是对欧几里得几何所蕴涵意义的探索。

在生活中，像树木分叉这样简单的形式构成，却无法使用传统几何表达，大自然的复杂性促使人们思考并意识到传统的欧几里得几何学有着很大的时代局限性。随着19世纪非欧几何的诞生，人们对客观世界又有了全新的认知，非欧几何带来了几何概念的深刻变化，扩大了几何学的内涵和维度。在拓扑几何和分形几何等新几何理论的支持下，几何学进入了一个复杂科学时代。

在欧几里得几何的基础上，非欧几何理念逐渐被建筑师及业主所接受，在当前复杂建筑的设计与实践中得到广泛使用。在建筑理念的创新中，以非欧几何为重要内容的非线性思维起着重要的作用，激励着人们探索超越欧几里得几何的几何学设计应用。在建筑实践的前沿，这些新型几何无处不在，而且它在形式、美学、应用对象等方面都迥异于传统几何。不仅扩展了建筑理论的维度，也给予了非线性建筑发展更多的选择性。

3.3
非线性建筑的早期实践

在建筑历史上，人们一直在有意无意地运用非线性思维进行建筑设计，只是受限于当时的科学水平和认知程度，没有继续把自然界中的自由形态升华到非线性几何形态的高度。例如，人们在数字化辅助设计之前就开始尝试各种曲面的建筑形态，"尚曲"的线索一直隐藏在建筑发展进程之中，从古罗马的万神庙到现代的有机主义，它们都是人类在建筑空间形态上追求"尚曲"特征的先驱者。

在17世纪末，人们喜好在室内采用洛可可风格为主题进行装饰。洛可可风格偏爱用曲线或不对称来创造出一种亲切温馨，宜于生活情趣的气氛，与严肃理性的古典主义对比有着显著的不同。它的设计灵感也偏爱于蚌壳、棕榈、蔷薇等自然题材，从洛可可的柔美、细腻、精致等细节可以看出洛可可所包含的非线性思维（图3-11）。

图3-11 洛可可风格的室内空间

图3-12 巴洛克风格的建筑

图3-13 圣家族大教堂

17～18世纪，巴洛克建筑诞生于意大利文艺复兴思潮后期。巴洛克的装饰风格追求自由动感的外观，偏爱华丽的装饰、雕刻和浓郁的色彩，它的出现是对欧洲古典主义的一次重大突破和一次逆转。极具艺术想象力的曲面和椭圆形空间经过相互交叉，营造出了变幻莫测的非线性空间（图3-12）。

在曲线造型建筑实践初期，西班牙建筑师高迪发展了一种独特的建筑艺术形式，高迪将巧妙的曲线建造技术发挥到了极致，创造出了世界上最为精彩、美丽的建筑。他选择曲面是因为它们便于模板搭设和砂浆抹灰，双曲线和双曲抛物面都是数学原理的规则曲面，可以很容易地用钢结构支撑杆件加固处理。他试图用浪漫主义的幻想，将造型艺术形式渗透到三维的建筑空间中。他还吸收了东方的伊斯兰风格和欧洲一些风格的特点，结合自然形态，精心创造了属于自己的隐喻形态。为20世纪留下了圣家族大教堂（图3-13）、米拉公寓、巴特罗公寓等极富观感和创新性的建筑作品。

在20世纪，门德尔松构想了一种新颖的、充满动感的建筑形式。由于钢筋混凝土框架结构的出现，他的这些设想得以实现。那些20世纪初表现主义建筑师们认为自己看似疯狂的各种建筑造型和风格已不需要再仅仅停留在草图之上，门德尔松绘制了许多动态曲线图纸，就像爱因斯坦天文台的建筑草图，这些最终成为了现实。如图3-14所示。

图3-14 爱因斯坦天文台方案手稿

可以说，没有非线性理论的支持，建筑只能通过造型美学表现出非线性特征。与当代的先驱建筑师们引进相关的数字化辅助设计，为了实现自身流动、造型动态的新建筑形式，发展复合型建筑学设计之路相比，通过对自然的感知和探索，这一时期的建筑师经常将非线性建筑词汇应用到他们的设计中，大多属于一种浅层的流行风格或者想象力的爆发，如自由形体的塑造和曲线的运用，而空间的形式则相对单一。虽然一些建筑表现出强烈的非线性特性，但那也只是无意识的运用，并无真正形成系统性的影响。

3.4
非欧几何内涵

3.4.1　分形几何

"分形"这一词译自英文fractal，由本华·曼德尔布罗特在20世纪70年代提出，其所代表的具体含义为"破碎"以及"不规则"，以此来实现对复杂图形以及复杂过程的表征，此后分形几何学才真正的诞生。

在数学家对世界复杂性的认知中，分数维数被提出，这也就意味着对于欧几里得几何的整数维数观念的突破。这是几何学的崭新面貌，分形几何以"自相似性"作为最显著的特征，如图3-15所示。分形几何思想是指，空间的维数在某些情况下并非整数，具有分形维数。

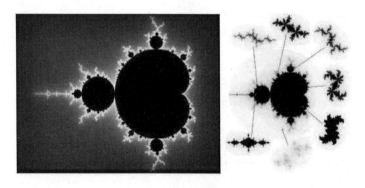

图 3-15　曼德尔布罗特分形

客观自然界中的树叶等一些结构拥有"自相似性"，理想情况下它具有无限的层次，若扩大或缩小几何尺寸，这并不会改变其结构。对复杂的物理现象来讲，分形几何学的层次结构即是其显著特征，分形几何能够对这一复杂性实现有效的描述。对于分形几何的图形来讲，其所表现出的显著特征就是多层级以及自相似，使得其与自然十分的接近，相应的美感在展开评判的过程中无法采用传统几何中的比例、尺度等观念来实现。

直到最近，对自然形态所进行的描绘手段日趋成熟，建筑师在建筑造型设计中，尝试对自然形态进行模仿。积极应用分形几何原理，这样就可以更多地实现非线性建筑的形态。非线性建筑以分形特征最为显著，向观者实现视觉信息的传递，这一类信息所具有的显著特征就是层次性以及复杂性。尽管视觉信息具有极为丰富的内容，不过建筑的尺度是其中重要的一个层面，在对视觉信息层级进行分析的时候，可以尝试从建筑的尺度层级入手。

一些建筑师从环境中实现了一些基本图案的提取，在各个尺度上实现该图案的重复，在分形几何背景下，依托于计算机算法来描述相关的图形生成过程，进而在建筑的方案设计中进行表达。

3.4.2　拓扑几何

拓扑几何（topology geometry）在19世纪诞生，虽然都隶属于几何学，但是拓扑学与欧几里得几何存在着极大的不同。欧几里得几何主要研究点、线、面、体的位置关系及度量性质，在欧几里得几何中，一般情况下仅存在着刚性运动，如平移、旋转等。而拓扑几何在理论以及实践层面可以对几何图形在连续变形下维持不变的性质进行研究，它关注等价图形的连续变化。它将物体都看成可以连续变形从而改变形体的塑性体（图3-16）。如欧几里得几何中诞生了古典理性的观念，拓扑学不单单是几何思想，同时也被作为"褶皱"哲学的基础。

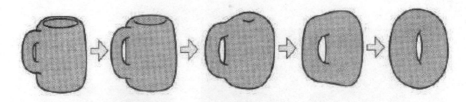

图3-16　拓扑几何下从水杯到甜甜圈的连续变形（亦为同伦变形）

由于具备连续变形的能力，拓扑几何被学者们称为"橡皮几何"。莫比乌斯环（图3-17）和克莱因瓶（图3-18）体现的就是此类理论命题，最显著的特征就是内外空间连续的特性，这对于建筑设计具有很多启示。拓扑几何学所代表的就是美学新范式，其中的核心特征为连续、柔软、流动和模糊。

拓扑学对于形成非线性建筑形态意义巨大，对于建筑设计具有重要的启发作用。在过去，由于思维方式的束缚和技术条件的限制，现代主义和过去的建筑形式主要是围绕欧几里得几何形式来实现的。对解构主义所拥有的建筑形态进行分析可知，为了

图 3-17　莫比乌斯环　　　　　　　　　　　　　　　图 3-18　克莱因瓶

对时代文化的复杂差异更好的表达，解构主义建筑一般情况下采用了片段的、斜向的冲突语汇。拓扑学的变形以及动态与解构主义的几何变形也具有极大的不同。在今天数字技术成为强有力的支持后，拓扑变形在很大程度上丰富了建筑空间的形态，让其真正呈现出差异空间的形态。对拓扑变形进行分析可知，这种变形所表现出的显著特征就是连续的、相互关联，从而有效整合了建筑对象内外部所存在的不同力量，在这种策略下，建筑体系所展现出的显著特征就是柔性、适应性。通过这种方式，建筑师们选择更为丰富，从而真正实现了对欧几里得几何以及笛卡尔几何空间的替代。

拓扑建筑学的核心特征主要表现在三个维度，分别是非线性、不确定性以及流动性，这实现了对稳定和恒久特征强有力的颠覆，而对其曲线逻辑和扭曲逻辑来讲，依托于揉合各种异质复杂系统的思维机制，可以进一步丰富对建筑形态的表达，这在很大程度上支撑着非线性建筑形态的生成。计算机在辅助设计以及动画功能方面变得越来越强大，建筑师受益于拓扑几何动态变形，可以真正地摆脱静态形式的思维方式，建筑形态有了更多的选择。

3.4.3　微分几何

在几何学当中，除了分形几何和拓扑几何之外，一些新的几何也对建筑形式产生了影响。在这些新几何学当中，对建筑师设计非线性建筑有极大帮助的就是微分几何（differential geometry）。微分几何采用数学分析的理论来对曲线或曲面在一点邻域的性质进行研究。加斯帕德·蒙日在研究曲线以及曲面中采用了微积分，这对于微分几何的发展提供了重要支撑。高斯对微分几何进行了发展，从而真正地实现了曲面内在几何学的建立。

微分几何主要对光滑曲线和曲面性质进行研究。其中所涉及到的概念包括了曲线曲率、测地线等。概念可以很好地应用于分析优化复杂曲面，其对于曲线可以实现精准的调节。在非线性建筑中复杂曲面是非常多的，这对尺度和建造方式分析及处理技术具有比较高的要求，若无法保证精准的曲线，在各个阶段，曲线的不可控就会导致非线性建筑形态的生成变成了水中捞月。微分几何在相关领域发挥着巨大的作用，在巴洛克时代，工匠对于复杂装饰的描述已经开始采用微积分的方法。

伴随着时代不断地发展，建筑立面中广泛应用微分几何，人们将微分几何应用于动画领域，以保证较少的计算机资源也可以实现对复杂曲面视觉效果的模拟。由于软件开发者很聪明地实现了新的几何学向计算机软件的整合，所以建筑师不必是数学家，仅需要掌握操作结果就可以了。

微分几何能够全方位分析曲面的法线向量等，在多边形平面基础之上拟合复杂曲面。这使得复杂曲线曲面造型工具的产生成为可能。在非线性建筑设计方面，建筑师们可以对自由形状曲线形式实现完全的控制。在这一工具助力下，建筑师展现出了非常高的创作热情。

3.5
形式审美特征

3.5.1　审美思维的转变

查尔斯·詹克斯认为"如果可以改变思维框架，这也就意味着将会改变建筑学"。美学思维是人类认识世界的阶段性产物，伴随着人类对世界认识持续的增加，这在很大程度上扩展了审美思维。时代不同，人们也会有不同的世界观，这种世界观可以直接反映到科学和艺术的形态中，即形式感、时空意向、宇宙观念，这是审美思维的深层次内涵。人类思想的变化，必然会展现在建筑的发展道路中。文艺复兴时期在思想维度改变这一大背景下给建筑所带来的就是古典主义，工业社会时期在思想维度改变这一大背景下给建筑所带来的就是现代主义，这也就意味着人类的世界观和思维方式发生了变化，很大程度上会影响到建筑。当代科学越来越重视非线性和复杂性，这种变化必然会传播到当代美学中。

非线性的建筑形式出现的时间比较早，其中比较有代表性的就是洛可可和巴洛克所采用的装饰线条等，不过这些仅彰显出人类对自然的崇拜以及向往。我们不能将其归入到非线性科学思维中。人类发现这个世界有很多神秘的地方，认识到自己是多么的无知，因此对于自然十分的崇拜，并在这种心态下去对自然语言进行学习。

伴随着时代不断发展，非线性和复杂性开始得到人们的关注，在这种背景下也就真正诞生出了非线性的思想，与之相应的形式感和时空意向也应运而生。像彼得·埃森曼等对非线性哲学观与构成逻辑进行的思考，并从这一角度出发来对其之于建筑形式的意义进行的探讨，从新科学概念入手，使得建筑形态研究范围可以进一步扩展，与其他影响因素有效结合在一块，特别是人类所拥有的心理与行为，在此基础之上来全面探索场所需求的非确定性形态。

到目前为止，多数建筑师已经真正认识到了建筑现象所具有的复杂性，前卫建筑师真正接纳了非线性科学思维，以此来应对复杂性。针对非线性的思考，我们可以将其视为明确的世界观以及方法论，使得建筑的复杂表达问题可以得到有效地解决，依托于丰富的空间形式，在建筑与社会维度方面也就可以真正做到能量地交换了。

3.5.2　非线性建筑的审美偏好

目前，西方的前卫建筑师对于非线性建筑的美学特征正在尝试从多维度方面去探讨。不过因为具有了更多的关注对象，需要考虑更多的因素，同时采用了各种不同的应用方法，这让当代建筑形态与现代主义建筑形式具有了显著的不同，此时其所表现出的显著特征为非线性以及多维性特征。在对当代建筑形态特征进行描绘时，建筑师们普遍采用的词汇就是动态、流变等。

非线性建筑使得人类物质需求得到了有效满足，同时也使得人们精神需求得到了有效满足，对于非线性建筑来讲，其最重要的诉求就是需要真正地做到"悦目""赏心"。悦目本质层面上我们可以理解为建筑所展现出的形体美，赏心本质层面上我们可以理解为建筑与人们情感的共振。人类表达情感主要依托于建筑本体来实现，这也就意味着人们能够从艺术的视角去看到非线性建筑的"存在"。

伴随着时代不断发展，新技术和新材料不断涌现出来，人们开发出了先进的计算机辅助设计系统，在线性建筑形态的基础之上，真正地拓展到非线性建筑形态，建筑师们依托于非线性建筑可以更好表达其情感。伴随着时代发展，这在一定程度上改变了建筑师的审美取向，使他们更为强调个性和时尚表达。如前文所论述的，非线性思维下的建筑美学很难用一个具体的概念来描述，而是需要通过特征来把握其含义。

3.5.2.1　对自然美、生命美的追求

建筑形式更多体现出自然美，这在人类建筑历史上是非常普遍的。非线性思维下建筑外观以及空间所呈现出的形式是不规则的。人们可以真正感受其中的自然形象。在诞生了非线性建筑后，这在很大程度上扩展了建筑的形式，人们表达自然美的手段也更为丰富。非线性建筑的出现并非仅仅是为了模仿自然，而是在通过非线性建筑，将人类回归自然的情感淋漓尽致地表达出来。此种自然意象主要就是模仿自然地形、现象等，建筑师对于自然的认识以及情感主要通过建筑的形式表达出来。如同洞穴模样的中庭，当人身处其中，很容易就可以联想到其自然形态，依托于此种自然意象建筑师有效地连接了建筑与其他学科思想，如图3-19中由卡拉特拉瓦设计的密尔沃基市艺术馆。

图 3-19 卡拉特拉瓦设计的密尔沃基市艺术馆

建筑学在全新的层次来对建筑与自然的关系进行了探讨，通过含蓄的手法来处理细节，让建筑可以真正融合于自然。建筑如同有了生命，将生命的活力以及美感淋漓尽致地展现出来。人是属于自然的，人的情感动力以及艺术灵感很多源自于自然界，从古典建筑，伴随着时代的发展，发展到现代建筑，越来越多的人认可生态保护和可持续发展思想，同时人类也更为深刻地认识了宇宙的本质，在这种背景下，地球环境受到了人们更多关注，建筑师们也在不断尝试将自然意象融入到非线性建筑的创作中，在全新层面去展现出建筑与自然的关系，使建筑呈现出一种自然与生命的美学。

3.5.2.2 混沌——分形之美

混沌建筑所表现出的显著特征就是开放、动态、流动。当人们欣赏到优秀建筑时，人类更容易产生联想，主要来自于思维所展现出的不确定以及跳跃性，对于混沌思维来讲，正是因为其随机性、灵活性和自由的特点，这样使得其展现出了无穷的能动性，在具体的变化上也十分的丰富，人所处的时空不同，相应的感受也就具有显著的不同。

在20世纪70年代中期，分形理论被提出，在自然界和非线性系统中存在着很多几何形体是不均匀和不规则的，而分形理论采用全新的语言来对这种几何形体进行了描述。对于传统的建筑形式美来讲，为了保证获得肯定清晰的效果，建筑师更倾向于采用一些简单的几何形式，而分形理论则不同，在自然界中，逻辑、秩序以及理性的成分是非常少的。自然界中最为普遍的形态就是分形形式，世界存在以及发展的形式就是分形的方式。传统欧几里得几何对于不规则图形很难实现精准的描述，为了真正地解决这一问题，新几何语言的提出就是非常有必要的了，由于，本华·曼德尔布罗特的分形几何学可以很好地解决这一问题。相应的，分形几何与自然也就更为接近一些，对于"分形几何"的这种特征，很多人也会将其称为"自然的几何"，基于此它可以对混沌运动以及复杂性现象实现很好的解释（图3-20）。

在细致结构层次以及不断缠绕中，这种复杂的美是独一无二的。对于分形图形来讲，其拥有着丰富层次的嵌套体系，这也就决定了其具有极为丰富的画面，更容易让人产生联想。观察的尺度、距离不同，此时其就会呈现出不同的结构单元。

图 3-20　具有分形几何特征的建筑设计

3.5.2.3　具有雕塑感的动态美

在建筑中运用各类不同的非线性形态，能够对设计者的情感进行更充分的体现，跟那些抽象且不存在什么变化的方盒子相比，该种形态能够让情感具有更强的灵动性。对于大多数人而言，形式所带来的体验会更加直接，而不像功能、结构等具有较强的抽象性。因此在很多采用非线性形态的建筑内会运用较多的曲线、曲面，而非遵循那些过于刻板的理性逻辑，进而使整个建筑像雕塑一样具有艺术感。这也表明，艺术领域中运用的观念开始对建筑产生了一定影响，进而促使非线性建筑运用的美学观念会着重强调对雕塑感的体现。部分艺术家提到，对于艺术而言，最为关键的并非对自然进行模仿，而是实现对情感的充分表达并引发他人的共鸣。所以很多建筑师希望通过非线性的设计将自身的情感融入到建筑中去。

任何事物均会持续处于发展状态，而对于任何系统而言，想要实现良性运行的前提是需要信息及能量能够实现自由且充分的流动。这就使流动的属性得到了拓展，能够对不同形式所具备的动态关系进行体现，是对自然界本身所具备的非线性属性进行适应的过程。基于混沌理论，空间能够以全新的动态方式来实现流动，建筑师希望整个空间能够呈现出简单几何体难以达成的效果，进而让人形成更好的和谐体验。

同时，通过探究混沌相关理论，人们在审美方面的价值观念发生了转变，以往所追求的美学是和谐、明晰的美，但混沌所追求的则是模糊、多样的美。数字技术持续发展，使人们在审美方面有了新的倾向，更多建筑开始广泛运用曲线，使整个空间更加

图 3-21　盖里的作品迪士尼音乐中心

轻盈，充满动感，这与传统的审美观不同，如图3-21中盖里的作品迪士尼音乐中心。一些建筑师钦佩科技的伟大，在建筑作品中，以动态运动来呈现出建筑形态，如同在雕塑中充满着建筑的活力。

3.5.2.4　通过模糊形成光滑的美学效果

建筑各个部分相互连接，边界实现了突破，此时建筑也就呈现出模糊化的特征，相互间处于过渡状态，进而呈现出没有任何阻碍的光滑状态。格式塔心理学认为，人们面对"格式塔"，很容易就会产生一种审美心理压力。而非线性建筑呈现的模糊性使格式塔的构成存在某种似是而非的感觉，从而释放了审美压力，任由审美知觉驰骋，感受到不一样的美感。模糊性使平滑成为非线性建筑美学的重要特征，也就是零摩擦系数的建筑哲学。它可以有效集中人的注意力，让兴趣持续的时间更长，尝试去理解它，深入认识它，在这种背景下非线性建筑形态的意义被极大地丰富了，如图3-22中扎哈·哈迪德的作品丽泽SOHO。

图 3-22　扎哈·哈迪德的作品丽泽 SOHO

？ 思考题

1. 我们可以把建筑形式感知为规整的几何形吗？为什么？
2. 建筑的几何形式有什么意义？
3. 几何科学的发展为建筑设计带来了什么新的理念？
4. 非欧几何有什么特征？
5. 如何在非线性的建筑设计中体现建筑空间秩序？

第**4**章

建筑的视觉形式

根据前述视觉感知的基本原理，我们对纷繁复杂的外部世界的感知，可以分为两个方面。一方面，强调主观思想能动作用的感知会认为几何形式是我们感知到的主要内容。虽然这种感知过程有些抽象，但是确实是有利于转化为知识的，是学习建筑设计的有效途径。另一方面，我们需要直接面对视觉经验。在视觉体验的过程中，有没有某种形式的存在呢？是否也有不同于几何形式的另外的抽象过程，可以对直观所见进行知识化的改造，从而成为学习的重要内容呢？这一次，我们仍然需要在历史发展中寻找答案，借鉴艺术史中的相关论述，学习视觉形式知识。

在西方，建筑史是与艺术史密不可分的。正如王贵祥教授指出："建筑史在西方人的学科体系中，大致可以归于艺术史的范畴……艺术史学科的最初确立，其实就是从西方人对建筑历史的兴趣与不断地关注中形成的"。18世纪，康德将建筑与绘画、雕塑一起并列归属为造型艺术门类，其后，黑格尔将这种分类方式进一步加强，从而在哲学层面为绘画、雕塑和建筑成为艺术学的研究对象奠定了基础。起源于18世纪温克尔曼的艺术史研究，逐渐摆脱了传记式的写法，以艺术发展过程中的不变者为研究对象，探索历史条件下的艺术本质，形成了近乎于哲学理念的艺术本体论。19世纪末20世纪初，相关研究在以哲学沉思见长的德语国家，特别是维也纳学派得到了极大的发展，确定了以建筑为重要研究内容之一的现代视觉艺术体系。我们要通过学习艺术史中建筑的视觉形式观念，理解建筑空间设计中如何体现人的视觉感知。

4.1
形式与视觉形式

艺术学研究者面临各种不同艺术作品所具有的千差万别的特殊形相，无法一一论断，只能提炼总结其中所呈现的共相问题，将其作为研究对象进行理论探讨，而形式是其中重要的共相之一，研究抽象形式的存在规律是人类理性的重要功能。艺术形式的内涵丰富，我们的重点并不在于形式概念的全面辨析，仅将形式内涵与哲学思辨间千丝万缕的联系作为理解形式的共识基础。

4.1.1 形式的哲学意义线索

在西方的哲学和美学历史上，形式概念来源于古希腊，并且在后世持续成为艺术理论研究的重要内容，19世纪以来艺术形式的哲学意义来源可以归结为两方面线索。一条线索是文艺复兴盛期以后的唯理论，或者说理性主义。唯理论来源于柏拉图对理念世界的建构。"柏拉图把形式分为'内形式'和'外形式'。'内形式'指艺术观念形态，它规定了艺术的本源；'外形式'指模仿自然万物的外形，它规定了艺术存在的状态。"所谓的内形式与柏拉图可知的理念世界紧密相连，是属于本体论的范畴。柏拉图非常重视数学与几何，认为数学是可知世界的范畴，因为，在艺术的模仿世界中是通过可见物质形态的"外形式"所蕴含的数学几何形式，沟通可感与可知世界的。这种思想在亚里士多德那里得到了进一步的发扬，属于身体的感知世界与属于灵魂的理念世界被截然分开。在天文学与物理学研究的推动下，文艺复兴盛期科学主义盛行，17世纪以后，以笛卡尔为代表的理智主义将人类理性建立在数学与几何的基础上，认为感官经验没有意义，数学几何形式才是人类世界与崇高的自然宇宙和谐的唯一形式。因此，唯理论的形式可以称为理念形式，追求的是数学与几何形式代表的绝对永恒意义。

另外一条线索就是以18世纪休谟为代表人物的经验论，或者说经验主义。经验论认为不存在所谓的理念世界，事物的本质是不可知的，人的变动不居的经验无法用高于现实的形式来把握。否定了崇高的理念世界，反而强调主体对经验世界的感知，或者说对视觉等感官经验动态变化的重视，经验论的形式具有了感官认知的意义。两种观点先后都对艺术形式产生了深刻影响。

18世纪末，康德在唯理论与经验论基础上，建立了先验主体的概念，联系了理念世界与现实物质世界。形式不再是高高在上的形而上的概念，但是也不是如休谟所说的一种不再超越的个人经验。康德认为，形式的把握需要依靠人的感官认知与先验直观的共同作用。或者说，物质实体中本来已经蕴含形式，人本身具有智性能力，在感知的基础上，通过先验直观能力来最终认识形式，美是对象和目的性的形式。康德的形式是先验形式，具有先验形式的艺术作品能被感受为是美的。先验即形式，反之亦然。康德的重要意义在于用先验形式结合了理念世界与经验世界。为后来的纯视觉形式（一种经验形式）研究留下了线索。不仅如此，康德的哲学思想也直接促进了心理学的产生和发展。

4.1.2　艺术史形式研究发轫

19世纪末20世纪初，涌现出了相当多的现代艺术创作实践流派，在突破了艺术模仿自然的认识之后，艺术家对所要表现的内容进行了多方位的突破。同时期的艺术史研究也在康德、黑格尔哲学理念的推动下，出现了新的研究范式，建立了现代艺术体系。"艺术学的现代性建构有着很浓重的德国古典哲学色彩"。当时的德语国家，尤以维也纳学派为首的一批艺术史学家，认为形式区别于形相，是在历史长河中，伴随艺术作品持续发展变化的本质因素。他们聚焦视觉艺术作品的形式问题，形成以视觉形式为中心的理论论述潮流，承接弗朗兹·维克霍夫、阿道夫·希尔德勃兰特以及菲德勒的影响，阿洛伊斯·李格尔、海因里希·沃尔夫林以及泽德尔迈尔等人开创了艺术科学的研究。在他们看来，视觉艺术的形式问题是基于视觉感知的形式，视觉形式成为视觉艺术的重要研究内容。

4.1.3 关于视觉形式

初期艺术史学家的视觉形式是指视觉艺术（即绘画、雕塑与建筑）所具有的与视觉相关的形式。视觉形式是形式的外延，或者说，视觉艺术作品的形式问题可能包括基于唯理论与经验论的一般形式、几何形式、构成要素形式等多种形式问题。而视觉形式强调视觉艺术主体参与者的视看过程，是视看行为与视觉感知实践参与构建的形式，而不是其他的抽象形式。视觉形式将视觉艺术的主体与客体同时涵盖在内，既非纯粹的客体研究，也非纯粹的主体研究，是在康德先验形式基础上，强调主客辩证关系的艺术学研究。

这种视觉形式的理论一般认为起源于移情学说。即艺术家有将身体感知的特征转换到客观世界认知以及艺术作品创作过程的倾向。张坚认为其最初来源于1800年德国哲学家赫尔德，其后又在罗伯特·费歇尔、康拉德·菲德勒的论著中得到了进一步的阐释发扬。1876年，康拉德·菲德勒在《论视觉艺术作品的判断》中提出"可视性"的概念，认为视觉过程同时具有经验与概念，更加明确了视觉形式在视觉艺术作品中的研究地位，从而为视觉形式的研究奠定了基础。

4.2
19世纪末艺术史家的建筑视觉形式

建筑与绘画和雕塑相比较，虽然同属于视觉艺术，都具有视觉可见实体部分的共性，但是，却也因为存在可以进入并运动其中的内部空间，从而与前两者存在较大的差异性。主要表现在，一方面，在适当的观看距离下，视觉都可以从宏观整体把控一件绘画或雕塑作品，而建筑则不易做到。另一方面，建筑所表现出来的空间性更加突出。虽然在绘画与雕刻中也存在空间问题，例如绘画通过透视再现现实空间，雕塑中浅浮雕与圆雕所表现出的不同空间性，但是唯有建筑的视觉体验更加丰富，与身体的丰富活动相关联。因此，建筑视觉形式必然包含两方面的内容，一方面类似绘画和雕塑的与图像有关的视觉形式，即建筑的二维图面表达所呈现的形式；另一方面是在建筑空间中在场体验的视觉形式。这两种视觉形式的区别正如巫鸿所指出："第一种方式是沿着图像志的脉络，把'空间'理解为构成图像的文学或宗教意义的一个因素，我称之为'图像空间'；第二种方式跟随形式分析和视觉心理学的系统，把'空间'看作视觉感知及再现的内涵和手段，我称之为'视觉空间'。"沿着这两个脉络也出现了两种建筑视觉形式的研究，第二种方式正是早期艺术史对建筑视觉形式的研究。阿道夫·希尔德勃兰特、弗朗兹·维克霍夫、阿洛伊斯·李格尔、海因里希·沃尔夫林等著名学者，都将建筑的视觉形式作为重要的研究对象。从而在艺术科学中，为建筑学的科学发展奠定了一个方向。

4.2.1 弗朗兹·维克霍夫

弗朗兹·维克霍夫是维也纳艺术史学派的重要奠基者，正是因为他的努力，维也纳学派才成为完整的学派。他在所著的《罗马艺术：它的基本原理及其在早期基督教绘画中的运用》一书中，不再看中艺术作品的历史与美学分析，而是将作品表达的视觉认知放在首位。反对古罗马艺术是古希腊艺术衰落的观点，提出了错觉主义的概念，并利用这一概念分析了古罗马时期的绘画、雕塑以及建筑局部。他强调了在创作视觉艺术作品的过程中主动运用视觉经验，而不是完全模仿自然的重要性。他认为：古罗马绘画中"将这些色块组合成物体的并不是将色彩调和于画面的画笔，而恰恰是观画者在观看过程中的补充性体验。""画家采用了错觉主义风格可运用自如的种种手段，以此诱导观画者经历类似的生理过程，走向视觉行动（act of vision）的过程。"

他所提出的错觉主义概念，直接引发了后续E.H·贡布里希对视错觉的研究。他对绘画中错觉主义的研究别具一格，将艺术史学研究与心理学融合建立在观者观看自然和图解现实的基础之上。也就是说，从艺术家的视角入手，观看方式入手，说明作品的创作过程，开创了艺术史与艺术学研究的先河。同时，弗朗兹·维克霍夫在分析古罗马雕像的时候，也注意到了在适当距离与远距离观看的问题，"一位聪明的建筑师会让石匠从特定位置所要获得的效果出发，对这些复制品进行修改。如果压缩细部，强调主轮廓线的效果，便会产生这样的错觉。"这也成为后续阿洛伊斯·李格尔视觉形式分析的主要方式。阿洛伊斯·李格尔肯定弗朗兹·维克霍夫，认为他是第一个看出古罗马早期艺术与现代艺术在视觉上具有联系的艺术史家。

4.2.2 阿道夫·希尔德勃兰特

1893年，雕塑家阿道夫·希尔德勃兰特的著作《造型艺术中的形式问题》出版，书中集中论述了形式的视觉来源问题。他认为人的观看方式有两种，一方面是视觉的方式（静态视觉），一方面是动觉的方式（动态视觉）。书中首先从科学实证的角度说明了视觉所见的特性，进而总结出形式的视觉来源。形式既不来源于纯粹的实证，因为不存在没有掺杂主观视觉的纯粹客观的实证，也不来源于某种精神，因为视觉感知是建立在对客观世界的认知基础上的。形式来源于视看过程中对象与人的理智的综合作用。他首先区分了实际形式与视觉形式的一对概念。实际形式"不受物体变化着的外观（appearance）所支配。"而知觉形式则是人在物体感觉过程中，受到光照，对比影响形成的视觉形式。

　　针对视看过程，他的观点在于，第一，空间感觉能力来源于视觉与触觉的能力。指出这两种对空间感知的不同方式同时结合在观看过程中；第二，他提出了近距离观看与正常距离观看的问题。作为一名雕塑家，他注意到在近距离观看的时候，雕塑是有立体视差的，而远距离观看则不存在视差，也就是说，远处三维物体的视觉印象会越来越趋向于平面。第三，他特别说明了空间的视觉感知主要来源于深度的感知，而空间深度与运动视觉密切相连。基于这些内容，他清楚地说明了视看过程在形式感知中的客观规律与作用。人的眼睛并不会像当时已经发明的照相技术那样完全客观地记录世界，形式就是在视觉的感知过程中形成的抽象认知。

　　在建筑中，"在实际形式的意义上，空间本身被转换成视觉印象。"建筑的实际形式是指建筑结构具有的支撑作用，即是客观的实体化存在。但是，"真正的艺术活动——展现空间的活动，在这里与在其他地方一样，不依赖于功能的表现。"他最终认为，建筑的空间塑造才是建筑视觉形式的重要作用。

4.2.3　阿洛伊斯·李格尔

　　阿洛伊斯·李格尔在艺术史学中具有重要地位，被称为现代艺术史之父。在他的代表作——《罗马晚期的工艺美术》一书中，他专门列出了一章阐述建筑的视觉形式。也以此表明自己对森佩尔建筑理论的批判。古罗马晚期的建筑形式主要是纵向式的巴西利卡与集中式的建筑，这两种布局方式，正如运动与静止的视觉。这个观点显然与前述阿道夫·希尔德勃兰特的观点有类似之处。这些教堂建筑设计有两个重要内容，一方面是空间的创造，一方面是体块的布局（即空间的边界塑造）。建筑师在设计外部体量的时候，考虑到内部空间的视觉效果，而在设计空间的时候，也会在空间边界安排小的实体——教堂墙上的壁龛。他认为这种实体与空间的辩证关系只能来源于视觉。

　　阿洛伊斯·李格尔进一步阐述了视觉与触觉的感知过程与相互作用。他认为，触觉与视觉的刺激信号都是点状的，这些点状机械式的生理反馈，一定是在主观理性思维的主动作用下，才能获得连续性，并形成界面的认知。基于视网膜成像原理，视觉感知本质上是二维的，为了获得三维的认知，必须同时有触觉的帮助，形成统觉。因此，是触觉确定了空间的边界。"我们关于可触的不可入性这一概念，是物质个体性的重要前提，它已不再基于感官知觉，而是在思维过程的帮助下获得的。"

　　确立了建筑的触觉与视觉感知基础之后，通过前古典时期、古典时期与古罗马晚期三个不同艺术发展阶段的历时性论述，阿洛伊斯·李格尔完整地阐述了在近距离、适当距离与远距离观看的视觉条件下，建筑实体与空间变化的规律。也就是基于触觉、触觉–视觉、视觉因素的建筑表达的发展变化规律，及其所呈现出的不同面貌。前古典时期的建筑基本是注重触觉的艺术，忽略空间而重视空间边界的塑造的。例如古埃及的金字塔。即使是古埃及的神庙建筑，仍然因为室内存在密集排列的柱子，减少了空间成分，突出了空间边界。古希腊神庙也不重视室内空间的塑造，但是，在建筑的立面中，开始存在层次丰富的阴影，以及部分的开窗处理。阴影与开窗都是在界面实体进行空间塑造的重要手段。直到古罗马时期，才在万神庙、大浴场等公共建筑中出现同时重视空间的边界与空间本身的塑造手法。简单总结，古代建筑视觉形式的发展经历了压制空间、兼顾实体与空间以及空间的塑造三个阶段。而这三个阶段，对应了触觉与视觉的变化和三个观看距离。

阿洛伊斯·李格尔在书中的论述既有建筑作品的历史发展介绍，也有基于视觉的实证角度出发进行的深刻的视觉形式分析，为后世的建筑形式分析奠定了基础。

4.2.4 海因里希·沃尔夫林

众所周知，海因里希·沃尔夫林在《艺术风格学》中，通过建筑案例实证，阐述了著名的五对概念。这五对原则与前述的相关著述概念也有相互影响。例如，线描与涂绘，实际上就是触觉与视觉，他也论述了空间深度的概念，说明深度的感知意义。我们想要强调的是，海因里希·沃尔夫林早期著作中的审美观与移情体验关联，更多的是关乎一种神秘化的、基于主体生理与心理投射活动的客体形式的把握。比如，他在1886年的博士论文《建筑心理学导论》中写道：物质形式的特性，只是缘于我们的身体。如果我们是纯粹视觉的生物，我们就不会拥有物理世界的美学判断。不对称，经常是身体的痛苦体验，比如肢体残疾或受伤了。这种对于视觉的心理学理解，是内涵于身体的，可以有效地运用到建筑的解释中。研究海因里希·沃尔夫林的学者认为他试图寻求联系面部与身体、身体与建筑，以及建筑与观者的基本原则。虽然这种比较在历史上也出现过，例如维特鲁威在《建筑十书》中的类比，以及文艺复兴以来人体与建筑的类比，但是这种基于实验心理学的研究更具有科学的实证意义与哲学的形式意义，与前者已经有了本质的区别。

4.3
建筑视觉形式理念发展

虽然后世艺术史对建筑的理论研究有所减弱，更多地关注了摄影、影视等新型视觉艺术的形式研究与探讨，进一步引发了视觉文化研究的洪流。但是，与建筑密切相关的研究仍然余韵悠长，并且逐渐转移到了建筑学科主阵地上。艺术史瓦尔堡学派E.H·贡布里希对视错觉的研究，以及欧文帕诺夫斯基对线性透视的批判都对建筑研究产生了深刻的影响。同属瓦尔堡学派，与海因里希·沃尔夫林有师承渊源的鲁道夫·维特科尔在《人文主义时代的建筑原理》中，将视觉形式的文化象征意义理念应用到文艺复兴时期的建筑研究。西格弗里德·吉迪翁也曾师从海因里希·沃尔夫林，所写就的《空间·时间·建筑》是建筑史的里程碑著作，书中基于视觉论述了建筑中的空间–时间统一感受。著名建筑史学家彼得·柯林斯对书中的主要概念进行了评述，并且认为"作为20世纪建筑风格的识别……无非是利用视差效果的现代发展"师承鲁道夫·维特科尔的柯林·罗的一系列深刻的论述，也在不断深化建筑形式主义的研究。彼得·埃森曼的《现代建筑的形式基础》更是将建筑形式主义的研究推向高潮。实际上，这条线索可以认为主要是沿着巫鸿所指出的"图像志"在进行研究，即强调了建筑图像背后的文化象征意义，逐渐弱化了实际建筑空间体验过程中视觉的重要作用。虽如此，依然有艺术理论家从视觉心理学角度研究建筑，例如鲁道夫·阿恩海姆所著的《建筑形式的视觉动力研究》。

19世纪末奥地利著名建筑师卡米诺·西特的著作《城市建设艺术》对后世城市设计产生了重大影响。城市建设艺术所遵循的艺术原则是什么？卡米诺·西特受到同时代维也纳学派的影响，在他看来，艺术原则就是遵循视觉观看的规律原则，营造良好的空间秩序。因此，书中总结的中世纪时期城镇空间的形式，并未仅仅停留在平面图的几何形式上，而是处处在进行对视觉空间知觉的说明。卡米诺·西特的思想深深影响了年轻的勒·柯布西耶。让那雷认为年轻的勒·柯布西耶在东方的旅行，部分原因是基于对卡米诺·西特视觉原则的实证。虽然后期勒·柯布西耶对卡米诺·西特的理论做了极大的批判，但是却不能忽略视觉形式问题对他的影响。柯林·罗对勒·柯布西耶作品的系列分析也认为在他的作品中包含了丰富的视觉性。进入20世纪末，建筑现象学的理论与实践尤为注重身体感知与建筑实体空间的互动作用。与其他知觉方式一道，视觉形式再一次得到了新的发展。史蒂文·霍尔、彼得·卒姆托等著名建筑师都在强调包括视觉、触觉在内的知觉统觉作用。

早期艺术史理论明显受到哲学思潮以及心理学发展的影响。在当前视觉文化研究的大潮之中，我们是否应该回归初期视觉感知的出发点，借鉴当前与身体感知相关的哲学与心理学理念，重新思考建筑的本质问题？因为身体以及眼睛的生理结构条件，人的视觉感知印象总是由前后连续的片段化的视觉经验组成。实际上纯粹客观的物质世界是何种形相的，我们似乎不得而知。但是，其中最值得探索的关键是，我们以何种方式将这样的视觉印象综合为我们的感知形式？从而使感知形相具有稳定的不变内涵？从这种意义上来看，与平面、剖面等图像的几何形式不同，视觉形式不是单纯的联想与想象，建筑的视觉形式是在动态感受中，在不断建构中呈现出来的具有普遍稳定性的内涵，是有身体参与并与身体结构一致的动态建构，是具有空间性与时间性的形式内涵。这个过程中展现的结构、深度等空间要素值得我们继续深入学习。

1.简述你对建筑形式概念的理解。

2.简述你对视觉形式的理解。

3.19世纪末有哪些著名的艺术史家?

4.简述海因里希·沃尔夫林对建筑视觉形式的解释。

5.建筑视觉形式的理念对现当代建筑设计产生了哪些影响?

第**5**章

建筑的形式分析

我们基本理解了建筑的形式、几何形式与视觉形式之后，需要进一步考察采用何种方式才能更加深入地进行建筑的形式分析？首先我们应该清楚，建筑的形式分析，并不是通常意义上的作品分析。虽然在很多著名建筑作品分析的著作中，包含了部分形式分析的内容，例如从平面、剖面、立面等图纸的几何形式、美学特征等方面展开的分析，并且这的确可以让我们在一定程度上加深对著名作品的认知，但是这些分析更多的是作品表面特征的分析，并没有将分析建立在充分的理论基础上。同时，分析的手段和语汇也不够严谨。本章所阐述的形式分析，是指基于对建筑作品本质认知的分析，其目的是说明建筑形式的构成规律以及蕴含意义。形式分析既是某种建筑理论，也是学习建筑的重要途径。将具体的建筑空间形体，抽象为几何、数学或者逻辑的语汇进行深入解释，进一步揭示隐藏在可见实体空间背后的形式构成规律及其表征意义，就是建筑的形式分析过程。这种过程是双向的，既可以是对已有的建筑作品进行分析，也可以作为在设计过程之初构思作品的形式基础。当前的建筑理论知识主要有三类，形式理论、建构理论与批判理论。其中形式理论知识与建构理论知识构成当代建筑本体知识的两大基石，使得建筑学专业具有某种程度的科学性，即具有区别于其他艺术与技术学科的自主性。而与建筑感知关联度最高的，无疑是建筑形式理论知识。

　　考察形式分析的发展过程与内涵，是认知建筑形式理论的重要基础。建筑学习以学习建筑设计理论知识及实践能力为基本目标，毋庸置疑，形式分析是人类将长期的建筑设计实践学科知识化，总结为学习内容的重要步骤。因此，形式分析一方面具有自洽性，即自身构成建筑研究的重要内容，另一方面又从某种程度上构成建筑学习的基础。目前，国内有学者分时段较为深入地研究了现代建筑形式分析的方法与内容，如果我们结合艺术史研究背景，连缀多个片段，进一步理顺并思考建筑形式分析发展的脉络关系，将会收获到建筑形式理论的新知识。将形式分析与建筑教育的发展平行并置比较考察，可以发现二者关联融合的发展规律。

　　在西方，建筑形式分析附属于艺术分析，出现于19世纪末的艺术史研究中，直到20世纪下半叶，建筑形式分析才从艺术分析中逐渐独立出来。这个过程伴随着现代建筑教育从德国包豪斯开始，到美国的"得州骑警"走向成熟。

5.1
包豪斯时期

　　在德国包豪斯的建筑教育中，形式分析是理论研究与教学过程中的重要内容。笔者认为，考察包豪斯时期的建筑形式分析，既要将它放在当时的艺术分析共时性内容大背景下，也要追溯在它之前的布扎（巴黎美院）学院派时期形式分析历时性的发展脉络。

5.1.1 布扎学院派迪朗的形式分析

在18与19世纪之交，作为布扎学院派思想的重要人物迪朗（1760～1834年）出版了两本重要著作，即《古代与现代各类大型建筑对照汇编》（以下简称《汇编》）和《综合工科学院建筑学课程概要》（以下简称《概要》）。两本书受到当时建筑界的极大重视，其建筑形式分析内容成为布扎学院派思想的重要组成部分。在《汇编》一书中，他运用比较分析的方法，在同一比例下，将各种类型的建筑平立面放在一起并列比较研究。所有的建筑都用简洁的二维线条表现，因为受到当时笛卡尔理性主义的影响，为了去除变动不居的视觉经验，迪朗没有采用文艺复兴时期就已经流行的透视图画法，他的图面没有一丝多余的信息，如图5-1中迪朗的古典建筑汇编。从后续的形式分析发展可以看出，这种二维线条加比较分析的做法已经有了后世建筑形式分析的雏形。后文将要提到，无论是鲁道夫·维特科尔将帕拉迪奥建筑的平面图精简为单线条，还是柯林·罗将帕拉迪奥的别墅与勒·柯布西耶的别墅进行并置对比，都可以看作是迪朗分析做法的延续。

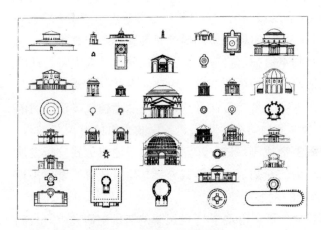

图 5-1 迪朗的古典建筑汇编

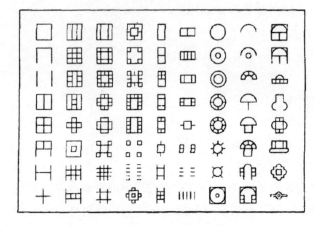

图 5-2 迪朗的建筑类型分析图

在《概要》一书中，除了来源于古罗马维特鲁威并在文艺复兴时期帕拉迪奥那里发扬光大的传统比例分析，更重要的是迪朗还创立了一套新的建筑分析方法，其中基于画法几何的图示分析表达方式构成了后世形式分析的图示语言。画法几何是与他同时代的科学家加斯帕德·蒙日在笛卡尔的平面解析几何基础上创立的一套图学系统，可以以科学的投影方法表达几乎一切事物。与透视法不同，画法几何完全以抽象的三视图表达立体影像，更具有科学抽象的特征。迪朗从建筑学的角度利用画法几何创立了建筑几何学。借此将建筑图示化为二维的平面语言，并且在这个基础上，将建筑的要素分为水平与垂直两个方面，重视平面图的表达。他将建筑构图的模块和构成方法简化成一张图表，用正方形和圆形构成了几乎所有的建筑平面类型，如图5-2中迪朗的建筑类型分析图。从以上文字可以看出，这种分析既是一种建筑研究也是一种建筑教育方法。虽然严格意义上说，迪朗并不在巴黎美院任教，但是他的思想是布扎巴黎美院派建筑理论的重要组成部分。

5.1.2 包豪斯时期的形式分析

在现代建筑以前，建筑、绘画与雕塑并称为艺术学科，艺术史的研究传统比较悠久。最早可以追溯到18世纪德国的温克尔曼，后来在近现代奥地利学者阿洛伊斯·李格尔的影响下，19世纪末至20世纪初期，形式分析开始成为艺术史的研究方法之一。艺术史研究中的形式分析方法以艺术作品和艺术视觉文本为研究对象，将人们研究艺术史的视角转移到了艺术作品本身，艺术作品的线条、块面、形体、空间、明暗、轮廓、阴影、运动、光线、构图等，成为了艺术分析的主题内容。1915年，海因里希·沃尔夫林受到布克哈特、阿洛伊斯·李格尔的影响，将文化史、视觉心理学、形式分析结合起来，发表代表作《艺术风格学》，在书中，他系统性地引入五对形式概念，以形式分析的方式，构建对比分析文艺复兴艺术与巴洛克艺术的基础。同时，他首创了一种方法——形式对比法。即并置两幅画面形式相仿的作品，通过寻找异同来揭示艺术家的风格。作为艺术的一个门类，海因里希·沃尔夫林在书中也对比分析了伯拉孟特与贝尔尼尼的两个建筑作品。自海因里希·沃尔夫林之后，形式分析成为艺术史研究的重要手段，建筑形式分析成为艺术史分析的重要内容。值得注意的是，在德国形式分析发展期间，前述迪朗的著作被翻译成德文，受到了德国建筑界的欢迎。有理由相信，迪朗在研究中运用的对比分析方法，经过演变影响了海因里希·沃尔夫林的形式对比分析法。作为当时艺术史的代表著作，海因里希·沃尔夫林的形式分析必然影响到作为包豪斯教师的艺术大师，并被他们引入到了包豪斯建筑教育的基础课教学中。

作为现代设计教育的先驱，包豪斯在德国的出现得益于德国工艺美术教育的传统。实际上，包豪斯并不同于法国的巴黎美院或者巴黎综合工科学校，而是一所脱胎于工艺美术院校，以建筑教育为目标之一的综合性设计学校。包豪斯成功将现代艺术抽象的形式语言和艺术观念系统化地与预备基础课程相结合，使其成为建筑与设计教学体系的重要组成部分。众所周知，包豪斯的教学分为形式大师主导的基础课以及工坊大师主导的工坊实践两大部分。在基础课教学中，形式大师主要的教学内容就是艺术形式分析及艺术实践。例如，1919～1922年，伊顿主持了包豪斯的基础课程，他指导学生利用韵律线分析艺术作品，找出作品的构成规律。后来加入教学的瓦西里·康定斯基本身就是一位著名的抽象派画家，他在教学中以严格的分析手段处理色彩和图形，教导学生运用十分有限的抽象几何语汇和理性控制去充分表达感情。在他来到包豪斯之后的理论著作中，如《点、线、面》等，我们都可以看出他对形式分析的重视。另外一位艺术大师保罗·克利相信一切形式均来源于基本的形式，他通过对造型的诠释来解析自然法则、数学法则甚至是世界的法则。

至此，我们简单梳理一下，艺术（建筑）的形式分析，已经从文艺复兴时期传统的比例分析，演变到布扎学院派的对比分析，再演变到包豪斯的点线面抽象要素组合分析。在这个过程中，虽然建筑与艺术若即若离，但是通过形式分析，相关理论研究与教育实践得以融合。20世纪以后，建筑逐渐从艺术中独立，以形式分析引领了建筑设计的知识构成。

5.2
德州骑警时期

5.2.1　20世纪30 ~ 40年代的形式分析

1933年，艺术史学家鲁道夫·维特科尔随着就职学校的搬迁，从德国来到了英国伦敦。之前他尝试在海因里希·沃尔夫林艺术形式分析方法的基础上，增加数比关系与和声法则，写成了《米开朗基罗的洛伦佐图书馆》一文，这是把艺术分析方法运用到建筑形式分析中的重要文章。他将米开朗基罗的手稿与建成实际情况进行对比分析，说明了建筑实践的过程。来到伦敦后的1950年，他在指导柯林·罗完成英国文艺复兴建筑分析研究的同时，出版了著名的《人文主义时代的建筑原理》一书。书中利用线描平面图，对比分析了帕拉迪奥的11座别墅（图5-3）。著作的具体内容本文不再赘述，仅从形式分析研究角度，做两点说明：第一，书中建筑形式分析的图示语言，从迪朗的二维线条演变成为了更加简洁的单线条线描，仅仅保留抽象几何线描特性是使建筑分析成为完全理性分析的重要尝试。第二，书中采用了对比分析的方法，此次对比的是在同一比例下，同一位建筑师不同作品之间的对比。很明显，这是形式分析对比方法的又一次应用。虽然依传统的分类，这本书是一本艺术史著作，但是，这本书在艺术史的影响力很小，反而在建筑学专业得到了很高的重视。

1939年，柯林·罗进入英国利物浦大学学习建筑学，在这里接受了正宗的布扎学院派教育。因此，前述以迪朗为代表的布扎学院派建筑教育中所蕴含的对古典建筑分析的基础深深扎根在了他的专业意识中，也许在潜意识里，这给他批判基于包豪斯的美国现代建筑教育提供了基础。后来，他在伦敦师承鲁道夫·维特科尔，写成了硕士论文《伊尼戈·琼斯的理论图纸：来源及范围》。文章分析了英国文艺复兴时期受到意大利文艺复兴影响的琼斯的建筑作品，也奠定了他研究文艺复兴建筑的基础。在向鲁道夫·维特科尔学习的过程中，柯林·罗也对帕拉迪奥产生了更加浓厚的研究兴趣。完成硕士论文之后，他全力写成了对后世影响至深的《理想别墅的数学》一文。文中

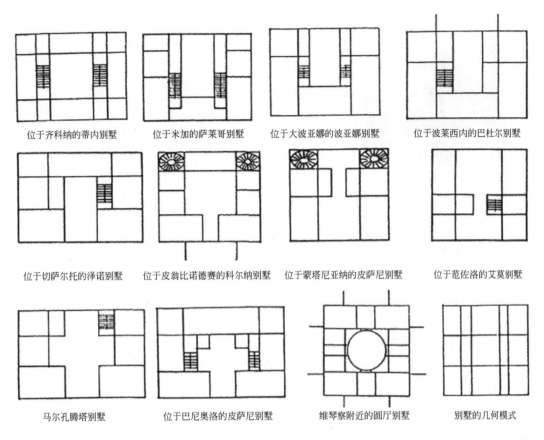

位于齐科纳的蒂内别墅　位于米加的萨莱哥别墅　位于大波亚娜的波亚娜别墅　位于波莱西内的巴杜尔别墅

位于切萨尔托的泽诺别墅　位于皮翁比诺德赛的科尔纳别墅　位于蒙塔尼亚纳的皮萨尼别墅　位于范佐洛的艾莫别墅

马尔孔腾塔别墅　位于巴尼奥洛的皮萨尼别墅　维琴察附近的圆厅别墅　别墅的几何模式

图5-3　帕拉迪奥的别墅平面图分析

柯林·罗再一次利用了我们熟悉的形式对比分析的方法，将不同时代的建筑对峙，开创性地将文艺复兴时期帕拉迪奥设计的马康坦塔的佛斯卡里别墅和勒·柯布西耶设计的加歇的斯坦因别墅进行了并列对比分析，形成了形式分析的新写法（图5-4）。文章在包括数学比例在内（包括平面、立面、数学、结构、精神等）的多个方面，对比分析两栋别墅，力证勒·柯布西耶的作品是在面对新的条件下，延用转化了帕拉迪奥别墅的特征。通过柯林·罗的详细解读，前后相距350年的两个作品有了内在的关联。柯林·罗运用的分析图示语言包括维克特沃的单线条平面图，也包括了海因里希·沃尔夫林所用的照片分析，配以令人信服的文字说明，开创了现代建筑分析的方法。

　　柯林·罗进行这样的形式对比分析的目的实际上是在现代建筑中重申了形式法则的价值，即在形式层面，而不是社会与功能技术层面为现代建筑树碑立传。在现代建筑的社会功能属性彰显的彼时，他力图说明现代建筑在抽象的形式上，在智性的意识层面，并不输于古典建筑，或者说至少与文艺复兴建筑并驾齐驱。后来在德克萨斯州立大学（下简称德州大学）教学期间，柯林·罗继续发扬形式分析的传统，与罗伯特·斯拉茨基合写了《透明性》文章，区分了字面的透明性与现象的透明性，从现象的透明性角度分析了立体派绘画与现代建筑。类似于海因里希·沃尔夫林的对比分析

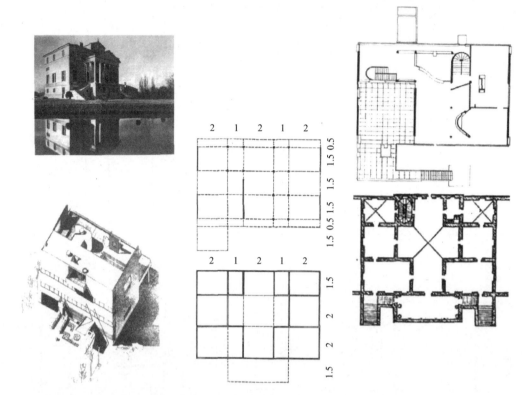

图 5-4　帕拉迪奥的马康坦塔的佛斯卡里别墅与勒·柯布西耶的加歇的斯坦因别墅对比分析图

方法，柯林·罗在文中选取了几乎是同样主题的现代绘画与立体派绘画，进行对比总结，得出立体派绘画的正面性、深空间、浅空间等性质，并且在此引入了勒·柯布西耶的加歇的斯坦因别墅，分析其现象的透明性。不仅如此，其中结构-空间成对概念的引入让借鉴立体派绘画的建筑分析具备了区别于纯粹艺术分析的独立特征。也就是说，专属于建筑的结构-空间概念在透明性分析中，既联系了形式分析研究也为其在后面的建筑教育中的应用起到了连接的作用。柯林·罗的形式分析思想复杂而深邃，直接指导了彼得·埃森曼的理论。后期彼得·埃森曼的分析受分析哲学的影响，采用简单线条以及轴测图的图示语言表达越来越重视形式的深层结构，重视分析过程带来的批判性，从而不再将来源于古典的形式意义作为主要对象。

5.2.2　德克萨斯州立大学的建筑形式分析

　　20世纪中叶以后，美国的建筑教育在布扎学院派与包豪斯建筑教育的基础上成长发展，产生了著名的"德州骑警"教学改革。1954年，柯林·罗来到了德州大学，在建筑学院院长哈里斯的带领下，与霍伊斯里合作开始进行新的教学改革。他们与后来的海杜克、罗伯特·斯拉茨基等人组成的教学团队，被后世称为"德州骑警"，经过3年的教改，他们探索形成了一套完整的教学过程与成果。虽然教改时间不长，但是其思想与做法却影响了20世纪后半叶美国及欧洲的建筑教育。德州教改的一个重要目标就是使得现代建筑成为可教的。实际上，在当时无论是否"可教"，现代建筑在包豪斯那里已经被教了，而且还具有了很大的影响。因此，德州教改的"可教"一定是在包豪斯教育的基础之上的反思。在当时美国的建筑教育中，因为包豪斯教育思想的全面引入，布扎学院派建筑教育受到了广泛的批判，但是对基于古典建筑的形式分析的弱化，过分强调建筑使用功能在建筑设计中的决定作用，使建筑教育走向了另外一个极端，不再重视建筑的精神意义、性格特征，或者说在打破古典建筑的影响的同时，还没有来得及为建筑建立起来新的基于本体的终极意义。因此，德州教改的"可教"应该就包含了两方面的含义，一方面，教是什么？另一方面，是教什么？即教学过程与教学内容。

在教学过程（教是什么）方面，德国包豪斯的建筑教育分为基础教育与工坊教育两个层次，美术大师在其主导的基础课上并不直接讲授如何做设计，而是针对美术作品进行抽象的艺术分析，然后学生在工坊中通过实践达到相关设计能力的领悟与掌握。对于知识的传递，或者能力的提升，这样的教学过程算不上连贯。格罗皮乌斯来到美国之后，在哈佛大学继续推进他的包豪斯教学理念，将基础课与设计课分开，同时，探索应用于所有设计的通用设计语言，并且强调与历史的隔离，凸显设计语言的创新性，虽然格罗皮乌斯主导的哈佛建筑教学体系对美国产生过很大的影响，但是，这样的教学是在对建筑历史的否定，且过于依靠学生的创新。这一点与它脱胎于工艺美术教育，重视中世纪的工坊教学方式有很大关系。在这个意义上，包豪斯教学体系还不如巴黎美院的体系更加适应大学教育的框架。因此，德州教改的目的是在现代建筑设计的背景下，探索一种成熟的适应大学教育框架的教学体系，有某种向巴黎美院学习，并赋予现代特征的意义。为此，就必须具有成熟的建筑分析理论并在此基础上设计系列教学过程，从而实现教学过程的可教。

在教学内容方面，美国建筑教育界对哈佛包豪斯体系的反思在于过于抽象的，对工程学的崇拜，仅为生产而不重视地域文化历史等。在德州骑警教师看来，现代建筑并不是完全崭新且没有终极意义灵魂的创造。要重新恢复属于建筑自己的艺术精神，使建筑而不是别的艺术具备形式意义，才是现代建筑教育中必备的重要内容。柯林·罗重新对现代建筑进行了阐释，并在此基础上展开了一系列的教学改革。实现了建筑学教育从生产性商业性实践向学术性实践转移的目标。之前著述中的严谨分析，使现代建筑不再是一个以完全创新形式出现的愣头青，重新回归到具有意味的形式才是它重要的内涵。基于以上的认识，德州骑警的建筑教改，重新思考了布扎学院派的建筑思想，设计了新的教学过程，赋予了新的教学内容。其中，具有广泛影响的练习，包括"九宫格练习"以及"建筑分析练习"。

九宫格最初来源于罗伯特·斯拉茨基的训练，通过将正方形分割为九个小正方形，并在其中利用纸板作围合空间的训练，用几乎与形式分析一样的建筑图式语言表达出来，如图5-5所示。后期海杜克将柱、梁和板的建筑结构概念引入九宫格，从而在三维层面赋予了九宫格更加充分的建筑意义。沿着九宫格的点线面布置建筑要素，并形成良好的，具有"透明性"的空间秩序。九宫格所特有的中心性以及在经典和现代建筑平面分析中具有的九宫格倾向，又将现代建筑与古典建筑联系了起来。同时与巴黎美院强调构图，利用轴线及网格布局建筑要素的做法也有相同之处。关于九宫格的训练，已经有很多文章有所论述，在此并不赘述，随着后期海杜克在库帕联盟的建筑教育实践以及彼得·埃森曼的理论和实践，九宫格的练习产生了极大的影响。

    建筑分析课程最初来源于霍伊斯里设计的一个平面解析练习中霍伊斯里对建筑分析的说明。1956～1957年，他将该课程进一步延伸成为建筑分析练习。将现代建筑实例引入建筑教学，挑选了二十多个建筑实例，除了进行平、立、剖面的解析，还要求学生制作一系列的等比例模型，将结构与空间分别用不同材料表现出来，强调对结构与空间关系的认知。建筑分析与九宫格两个练习可以看作是互为逆操作的两个过程。从分析的过程来看，是从整体分解为局部的过程。而九宫格的训练是将现有的建筑要素进行整合形成新的方案的过程。同时这两个练习都很重视图示语言的表达，重视结构与空间的关系。建筑分析课程与九宫格课程相辅相成，互补关系明显。

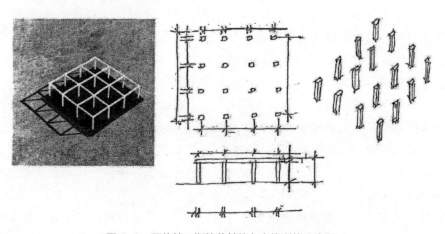

图 5-5　罗伯特·斯拉茨基的九宫格训练示意图

    时代发展到今天，科学与艺术已经有了崭新的面貌，与此相联系的建筑学更应该持续赋予建筑形式分析以新的意义。当代对建筑分析的理解，不仅仅局限于几何、视觉形式，建筑的身体感知也具有某种形式内涵，这种形式内涵与身体的联觉知觉、大脑神经网络的构成等特征紧密相连。需要我们在理解这些特征的基础上，学习表征再现的图示化方法，并将其应用到建筑设计中，创造新时代的建筑实体空间形态。

❓ 思考题

    1.以巴黎美院为代表的学院派的建筑分析体现在哪几方面？

    2.包豪斯的教师如何进行艺术形式的分析？如何体现在对建筑设计的理解中？

    3.美国得克萨斯州立大学的建筑分析对你的建筑设计学习有什么启发？

第**6**章

建筑的身体关联

无论是几何形式、视觉形式以及对二者的分析，多数都是建立在理性抽象感知，尤其是视觉感知的基础上，将建筑作为他者，是与人的身体相对的对象化感知。在这个过程中，人作为有智慧的主体，以理性作为途径，以建筑为对象，形成系统化的知识。在人-建筑的综合感知结构中，这种认知是不够的。因为，我们缺少了身体的环节。虽然身体在西方思想历史中，并不像理性那样受到重视。但是，在建筑设计的发展过程中，身体却是一直以来的重要因素。20世纪下半叶以来，身体的学问越来越成为一门显学，越来越多的建筑师在思考身体的问题❶。西方建筑发展历来会受到宗教、主流哲学等思潮的直接影响，其中的身体内涵也在不断变化。我们需要追源溯流，在历史发展中理解身体概念的历时性意义，从而找到身体内涵的当代之解。那么，在西方文化意义下，与建筑关联的身体是表现为何种形式？是逐步发展的吗？文艺复兴时期，西方建筑理论与实践既承接古典时期传统，又体现丰富的科学性与创造性，取得了极大的成就，奠定了后世建筑学发展的坚实基础。因此，我们尝试选取了古典时期至文艺复兴时期来学习西方建筑中的身体关联内涵。

6.1
古典建筑的柱式和空间

6.1.1　古希腊时期

　　西方古典时期一般指古希腊与古罗马时期。古典时期科学思想不发达，人们对世界本源的认知往往具有原初的神秘性。正如古希腊神话中所表达的一样，古希腊人将大自然的多种自然力量和人类社会的基本情感赋予多个与人同形的神秘对象（anthropomorphism），他们的外在形态和人类一样，有着与人类一样的身体样貌。其中以宙斯、赫拉为首，他们之所以高高在上，并不是因为他们更加智慧、更加高尚，而是因为另外两方面原因：一方面在神话传说中他们是永生不死的。另一方面，更重要的是，他们的外在形体是最"完美"的人体。在古希腊神话的各个版本中，他们与人类一样，也有七情六欲，像人类一样的善良或者贪婪。而且不曾离开人类世界，与人共同生活在自然中的大地上，或者居住在奥林匹斯山上。奥林匹斯山与尘世之间并无不可超越的鸿沟，人类可以随时造访。古希腊人崇拜身体，越健美的身体越受到推崇，因为健美的身体意味着神秘而伟大的力量。同时，古希腊的哲学家认为身体无关紧要，只有灵魂才是不灭的。基于这些认识，人们对完美身体的追求并不是为了人自身，而

---

❶ 不同学科对身体的不同认识形成了身体的复杂意义，篇幅所限，本文仅仅讨论相关宗教哲学思潮影响下的建筑理念中的身体。可以脱离肉体而存在，纯粹的精神性的身体并不在讨论范围内。

是在向某种崇高、伟大和神秘的宇宙原初力量致敬。古希腊哲学家从毕达哥拉斯学派开始，由柏拉图继承，对数学与几何进行了深入的研究，与数学几何相关的思想已经渗透到古希腊文化的方方面面。毕达哥拉斯学派认为数是描述自然的第一原理，音乐的和弦由符合比例关系的琴弦演奏而出；因为十是理想数，宇宙中有十个天体；行星的运行符合数的关系；自然的其他特征也来源于数。柏拉图在此基础上走得更远，他认为世界分为理念的世界与现实的世界，现实的世界是按照崇高宇宙世界的数学规律构成的。他将几何学奉为学问的最尖端，在他的雅典学园门口写着不懂几何者不得入内。因为，数学几何被认为是与宇宙自然相通的奥妙之门。基于这些理念，古希腊人将数学关系应用到人体上，认为符合数学比例关系的身体才是完美的身体，才是具有终极力量的人体。这也为后来古罗马的维特鲁威在《建筑十书》中所描绘的完美身体图形打下了基础。因此，此时的完美身体并不是现实的人的身体，而是具备神秘认知特征的崇高力量的对象化表征。

　　建筑中对这种表征的表达直接反映在了柱式中，圆柱起初是站立着举行庆典的特殊的人的象征。后来发展成型的古希腊柱式象征了不同的性别，陶立克柱式的柱径与柱高的比例为1∶6，代表完美阳刚的男性力量，爱奥尼与科林斯柱式的柱径与柱高的比例分别为1∶8、1∶9，代表完美柔性的女性力量。柱式因为具有人体的隐喻，其形态比例来源于完美的人体，各部分构件的相对比例尺寸也有了严格的规定，并在神庙建筑中得到了广泛的应用。同时，无处不在的古希腊雕塑也以呈现完美身体为目的，雕塑成为古希腊的中心艺术，一切别的艺术都以雕塑为主，或者陪衬雕塑，或者模仿雕塑。可以说，古希腊的神庙建筑就是一座巨大的雕塑，说建筑与雕塑蕴含着同样的由完美身体所表征的内涵意义，是再恰当不过的了。

6.1.2　古罗马时期

　　一般认为，古罗马的社会主流思想基本保持了古希腊的传统，建筑理念中的身体内涵却有了进一步的发展。维特鲁威在他著名的《建筑十书》中用文字描绘了理想的身体，首先，他说明了自然创造人体所遵循的身体各部分之间的比例关系，其次，他认为人体暗含着正圆形与正方形，以人的肚脐为圆心可以绘制正圆形，手脚完全张开后则刚好可以抵住圆的边缘。人的身高与手臂张开的距离相等，依此可以绘制出一个正方形。文艺复兴时期达·芬奇则依据这段文字描述绘制出了他的著名作品——维特鲁威人（图6-1）。充分直观地表达了维特鲁

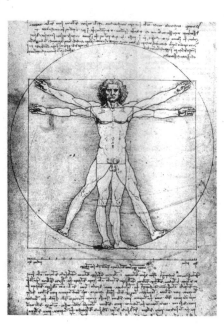

图6-1　达·芬奇所绘制的维特鲁威人

威将身体与圆形和方形完美结合的几何关系。不仅如此，书中还多处说明了身体比例关系及其与建筑的联系。《建筑十书》的第三书名为"论对称：神庙与人体"，其中直接将人体的比例与神庙建筑的比例联系在了一起。来源于古希腊的思想，此时的人体仍然被认为具有神秘崇高的力量。不仅如此，古罗马时期的身体与几何的关系，更加偏向通过几何关系维度（包括形状、形状之间的关系及比例）完成建筑理念中身体内涵的表达。与古希腊建筑相比较，古罗马建筑的体量组合与内部空间也更加趋于复杂化，几何关系不再局限于平面形状及立面柱式装饰等关系，在空间中或者说三维的几何关系中也受到了重视，万神庙主殿直径与高度相等，内含球体的做法就是典型实例。

除了单体建筑，古罗马的城市建造也开始遵循身体体现的几何关系。因为他们认为身体的肚脐作为中心连接着四肢，所以无论城市还是建筑都需要有一个中心，这个中心就像是身体的肚脐。身体所具有的几何关系甚至可以组合成方格网。万神庙的地板就是表达了圆和正方形的组合，而地板的中心刚好是穹顶上圆洞垂直的投影点（图6-2）。在开始城市规划建设的时候，也必须确定中心以及方格网。位于古罗马城内帕拉丁山的第一个聚居地被称作罗马四方场，这个名字并不是指它具有四方形的形状，而是指它由"一个叫做'脐'的深坑代表着它的中心。"并由此划分空间的四个象限，即形成四个部分。古罗马人将这种身体具有的形态意义，即中心连接四方的空间组织形式拓展到所有的空间层面（图6-3）。包括古罗马地图都可以看作是由罗马城为中心的路网连接而成。克里斯蒂安·诺伯格·舒尔茨曾说："如果我们要画一张罗马世界的示意图，其最显著的特征应该是一个有中心的道路网"。

图6-2　古罗马万神庙室内

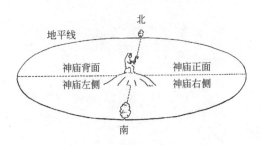

图6-3　古罗马建城土地划分方式

6.2
哥特建筑的骨架和光线

西方社会进入中世纪以后，社会生产力与文化开始逐渐衰落，进入所谓的黑暗时代。经过几百年的更迭，人们逐渐忘记了古典时代辉煌的文明。普通人没有文化，生活贫穷而卑微。没有人身自由，只能依附于贵族领主。没有思想自由，只能被教会麻痹。为了让普通人安于现状，臣服于封建领主，主流思想更加区分身体与灵魂，认为虽然身体与灵魂共同构成了人，但是，现实的身体仍然不受重视，是为了受苦受难而存在的。只有灵魂获得了拯救，才能够带着身体一起进入极乐世界，获得不朽。从某种角度上，这种对身体的论述，将对人的身体的认识向前推进了一步。虽然只是强调了身体的低级趣味性，但是与古典时期不同，毕竟将现实世界与神秘崇高的终极宇宙进行了更加清晰的划分。基于此，与古典时期的神庙建筑栖居在大地上不同，既然灵魂需要最终的不断提升，中世纪哥特式教堂便竭尽全力地表达引领人向上飞升的理念，苦难的身体要在不断忏悔中才能最终脱离现世。基于这个意义，教堂建筑所展现的是一种召唤，是普通人美妙旅程的起点，而不是驻留的终点。只有通过极具象征意义的抽象建筑符号表达才能达到这一目的。

在中世纪哥特式教堂的建筑符号中，用尖券、飞扶壁形成的人身体骨架的象征是其重要的内容之一。建筑结构形式的转变是建筑设计的一个巨大进步，尤其是围合空间的墙壁。古典时期建筑的空间形状与柱式都具有明显的象征意义，为了承接穹顶和拱券的侧推力，厚重的墙壁只能成为壁龛雕塑的居所。中世纪哥特式建筑采用的骨架式结构形式，不再需要厚重的墙体抵抗侧推力，墙体也就不再是承重结构的一部分。骨架式的承重结构形式整体感更强，并脱离了承重的单一功能，本身又具备了丰富的身体骨骼象征意义。更加重要的是，在灵活的骨架结构形式中，象征灵魂所在的光线组织，成为哥特建筑更加突出的符号形式。从法国圣丹尼斯修道院教堂成为第一座哥特式教堂之后，彩色玻璃、玫瑰花窗就成为了哥特式教堂的标配，哥特式教堂的内部因为彩色玻璃的存在，以及巨大的尖拱窗让建筑四个立面具备了非常充分的光线表现力。不像古典时期神庙内部光线暗淡，在骨架结构间隙洒下的各种光线照耀下，哥特式教堂的内部空间氛围明亮而神圣。光线缠绕着骨架结构，裹挟着结构轻盈地飞升，仿佛灵魂也指引着身体进入了新的境界，带给人心灵巨大的震撼。

6.3
文艺复兴时期的科学身体

文艺复兴是古典文化的复兴，是人文复兴，古典文化中与人相关的内容被重新挖掘，重新诠释甚至创造，从而建立了基于人的科学精神，近代科学开始脱离哲学与神学而独立。在天文学方面，哥白尼的日心说是文艺复兴时期最重要的科学成就之一。而不可忽视的是，哥白尼的《天体运行论》与维萨留斯的《人体构造》同时在1543年出版，也许是某种巧合，不过这也反映了在西方的科学思想界，宇宙与人是两个永恒的话题。两方面一直互相促进、互相关联着。随着人文思潮的盛行，出身于人文主义艺术家身份的建筑师重新开始重视建筑理念中人的身体意义。但是，与古典时期不同，这时候的身体所具有的内涵意义已经不再代表如神一样的完美身体，而是逐渐与科学意义下的自然宇宙相关联。正如笛卡尔所说，"我思故我在"，沉思着的我即是我存在的明证，自我并不是宗教信仰中的造物主的杰作，开始具有独立的人格意义。虽然在哲学思潮中，身体仍然让位于了灵魂，但是，哲学家与艺术家已经对作为客观实存的身体有了进一步的深入思考。即使是笛卡尔，在他的著作中也不止一次的阐述了身体的问题，这些文本都是对身体作生理学或心理学上科学研究的记录。因此，文艺复兴时期的身体既具有象征意义，也具有后世理性的科学意义。

克里斯蒂安·诺伯格·舒尔茨认为文艺复兴时期对建筑实践的表达性处理体现在了两个方面，一方面是几何化，另一方面是人格化。几何化自不必说。人格化，则是借助古典柱式的重新引入而达到目的的。其实，这也是一种向源于古希腊柱式象征意义的回归。包括阿尔伯蒂、伯拉孟特、拉斐尔、维尼奥拉、帕拉迪奥等人在内，几乎所有的文艺复兴时期的建筑论著都将柱式作为主要内容进行阐释，并在建筑实践中不断应用。有学者认为，正是由于文艺复兴，古罗马的五种柱式才得以再一次定型，从而成为当前普遍承认的形态（图6-4）。蕴含在建筑构件中的身体意象已经不能满足艺术家对身体的创作需求，客观实在的身体开始成为研究对象。米开朗基罗尝试探索从拟人化的角度理解建筑形式的表达力，在写到建筑时他说"凡是没有掌握人体，尤其是其解剖学的人，永远也不能理解它"。虽然大约在12世纪左右，医学院便是西方最初出现在大学中的四个学院之一，但是，其中所讲授的解剖学知识仍主要来源于古罗马的著名解剖学家盖伦。由于他的解剖学知识是通过解剖动物获得的，便存在很多错误。在文艺复兴时期，秉持严谨的科学精神，为了准确表现人体，艺术家开始进行人体解剖，创立了区别于医学的艺术解剖，取得了巨大的成就，并以此引领了科学思想的再发展。如达·芬奇在人体解剖方面的成就在当时就无人能及。达·芬奇在实证科学精神的指引下，同时为了更准确地绘制人物画，孜孜不倦地解剖了30多具尸体。他仔细研究循环系统、神经系统、大脑等系统器官，将在人体解剖中得来的数据用在了绘画中（图6-5）。在达·芬奇传

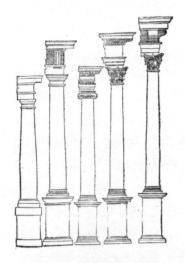

图6-4　五种古罗马柱式

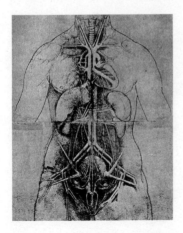

图6-5　达·芬奇绘制的人体解剖图

世的笔记中，有一本认真地记载了人体的数据，为身体几乎所有部分确定了大小和比例，说他是一个解剖学家也并不为过。在达·芬奇的带领下，文艺复兴时期很多艺术家都做过解剖，推动了艺术解剖不断发展，对后来维萨留斯撰写的《人体结构》产生了积极正面的影响。

人体解剖学的发展促使人体测量学（anthropometry）开始出现，并且一直延续至今。菲拉雷特被认为是纯粹的人体测量学最早的代表人物。菲拉雷特在其代表作《菲拉雷特建筑学论集》中，详细说明了人体各部分尺寸。并把它与建筑构件进行类比。弗朗切斯科·迪·乔其奥·马蒂尼发展了菲拉雷特的理论，认为"人，可以看作是一个小宇宙，在人的身上，人们可以发现整个世界的所有完美之物"他将人体测量学引向深入，在神庙建筑的每一个细部中都能发现并度量出与人体相关的比例（图6-6）。这在后世的帕拉迪奥与维尼奥拉的建筑论著中都有类似的说明。

图 6-6 弗朗切斯科·迪·乔其奥·马蒂尼
的人体测量图

文艺复兴时期对建筑发展产生了巨大影响，与身体关联的另外一项重要成就就是透视学的发明。作为从心理上对物理世界空间结构的系统化想象，文艺复兴时期的艺术家充分结合身体观察世界的视角与数学几何方法，实现了三维视觉形象的平面几何化。15世纪，伯鲁乃列斯基利用镜子的反射原理，在佛罗伦萨大教堂入口处，进行首个透视绘画实验，通过实验手段证明了人体视角的建筑空间视觉效果可以表现在二维平面上（图6-7）。其后，不少艺术家

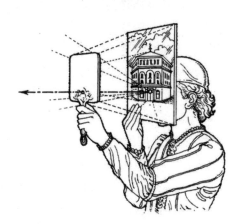

图 6-7 伯鲁乃列斯基的透视实验

也通过实验的方法验证了透视法的规律。经过多年的研究，阿尔伯蒂系统地总结了绘制透视图的数学几何方法，并在《论绘画》中做了详细的说明，透视学最终成为一门表达三维空间的数学方法。在建筑实践中，建筑师纷纷采用透视的方法，利用错觉营造空间效果。笔者认为，透视学研究将身体视觉所见数学化，开创了建筑空间视觉知觉以及联觉研究的先河。

6.4
当代建筑中的身体感知

18世纪60年代至19世纪中期的工业革命引发了全球的现代化运动，建筑材料的变革为建筑行业带来了不可逆转的变化和影响。继20世纪20年代现代主义建筑成熟之后，还陆续出现了第二、三、四次工业革命，以电力化、数字化和信息化持续从建造的基础层面对建筑发展产生了巨大的推动作用。四次工业革命导致现代主义运动之后的当代建筑具有了某些不同于工业革命之前的建筑特性。这些特性通过建筑的形式和空间影响着使用者的建筑体验，让人与建筑的关系产生了变化。尤其是文艺复兴以及启蒙运动以来的理性主义盛行，为现代建筑带来了严谨的几何特征与注重功能的机械特性。建筑的现代性，在为建筑带来科学理性的准确、适用特征的同时，也开始脱离建筑原有的人文情感特性。20世纪50年代以来人们开始对现代建筑进行反思，更加注重建筑实体空间中人的身体体验。这种体验区别于抽象形式的表征再现，表现为来自于身体的更加直观感受的生态人文形式。

人在建筑中生活的过程中，身体的各种感官不断接收到来自建筑的刺激。视觉、触觉、听觉，甚至是嗅觉和味觉都在感知建筑。身体的感知并不停止在产生感受的阶段，还会继续延伸到感觉的产生，甚至是情感的产生阶段中。建筑体验、建筑氛围的探讨都是将身体作为感知建筑的主体而来的。所谓建筑氛围，就是在身体的感知之上生成的对空间的感觉。因此，当建筑师想要在建筑中营造出某种氛围、传递出某种情感之时，身体就是一个良好的表达途径。知觉建筑现象学是探讨身体感知的主要阵地，其主要观点也在建筑的理论和实践中带动起了对身体感知的重视。身体同时处于被动和主动的状态中，被动状态在于身体的感官被动接受环境的信息，主动状态在于身体的运动能力使身体主动执行在环境中的活动，据此可以将身体对于建筑的感知分为两个主要内容：

第一，身体感官的感知。即身体通过感官从建筑中获得知觉。身体的视觉、触觉、听觉、嗅觉、味觉可以通过联觉或者统觉的综合作用，感知到建筑环境的氛围。这种感知并无法归结于某个感官，而是综合感官信息，并在联想、回忆、情绪等参与下，共同构成了对建筑环境的感知。例如我们只看到拉毛混凝土而不触摸它就知道它具有粗糙的坚硬的触感。在具体设计中，既要利用基地、气候、实体、空间等要素引发综合的统觉感知，也要利用其中蕴含的历史文化场所信息达到精神上的共鸣。这些要求促使当代建筑走向新的方向。彼得·卒姆托对建筑氛围的强调就是其中的代表之一。

第二，身体动觉的感知。身体具有运动的能力，运动中也蕴含着下一步行为的规划，运动中对重力的对抗和顺应、行为规划的诱导或受阻都会产生感受。勒·柯布西耶的"建筑漫步"概念，以及当代建筑师史蒂文·霍尔、雷姆·库哈斯等人对建筑路径设计的重视都在建筑内部空间中带来了新的动感体验，使在场的空间感知变得异常丰富。

以上两方面是身体对外界建筑环境感知的特征内容。身体在感知外界的同时，也在感知自身，也就是将自身作为感知对象的感知。

在当代，对身体自身感知的新认识，也让我们对建筑产生了新的认识。主要可以从以下两方面进行理解：

第一，身体是人类认知的第一个三维实物，人们理解身体的方式成为了理解建筑的基础，由此身体构成了认知建筑的原型。例如无论在何地、何种气候和何种文化，原始构筑物总是呈现出圆形和方形的形式。这反映出方形和圆形是蕴藏在人类自身之中的认知模式，而非来自外界。圆形是身体的封闭边界围合自身领域、分离内外构成的边界原型，方形是身体的前后左右差异性构成的方位原型。源于身体的基本空间原型从人类体内延伸到外界，影响着人对建筑的认知。

第二，身体是一切人类行为的执行者，建筑设计和建造的执行者也是身体。身体将无形的设想转变为实际的图纸和模型，又将图纸和模型转变为真实的生活场所。建筑从抽象思考到真实环境的转变过程中，身体的参与能够影响建筑的形成，其中也包含两种方式：

首先，在身体体验中创作。即建筑师在身处场地中时构思方案。建筑师在项目初期的实地调研即是一种身体体验，但深浅不一，有些建筑师强调以长时间深入体验作为建筑设计的基础。例如，某些社区建筑师深入城市社区，与社区居民同吃住，朝夕相处唤醒身体意识，以身体体验主导设计，替代抽象几何和数据的操作。

其次，在身体操作中创作。手工艺人的身体在潜意识里主导着创作，在建筑师制作手工模型、绘制手绘图、甚至直接对材料的操作过程中，身体同样引导着创作的走向。例如，墨西哥著名建筑师路易斯·巴拉干会在现场指导建造，不是通过画图的方式，而是直接用身体感知建造。身体同时是感受和执行的主体，思考依托身体的感受和活动而开展。

黑格尔曾经认为，建筑的任务就是在人和神之间建起一座桥梁，为个人和社会提供一个统一的核心。因此，建筑终究是内涵终极理念的，这个终极理念可以是为神的，也可以是为宇宙的，更可以是为具体人的。西方古典建筑理念所注重的是身体的神性，文艺复兴以来的建筑理念所注重的逐渐变为脱离了灵魂的客观身体的理性，他们都可以通过比例几何关系与建筑相关联。比例几何关系发展到极致就是人体测量学，或者说勒·柯布西耶的模度尺。而随着对人身体本质认识的深入，这种从数学关系出发，建立在客观实体基础上的身体-建筑关系已经发展为当前建立在现象学基础上的身体-建筑关系，这个身体是具有精神特质的人的肉体，永远在具体情境或者氛围中，与建筑互相成就的身体，其发展规律值得进一步的深入思考研究。

1.为什么我们要理解建筑设计中的身体理念?

2.西方古典建筑如何与身体理念发生关联?

3.哥特式教堂对身体理念的表达体现在哪里?

4.试举一例说明现代建筑大师对身体概念的理解。

5.当代建筑师的设计作品如何体现对身体概念的理解?

第**7**章

基于感知的建筑
设计理念

19世纪末以来，随着哲学、心理学相关认识的发展，艺术创作中的视觉要素受到艺术家以及艺术理论家越来越多的重视。在原属于视觉艺术的建筑学领域，几位重要的建筑学者都提出了自己在建筑与城市空间方面的理论认识观念。这种观念持续影响了20世纪的现代主义建筑，其中的代表性人物就是勒·柯布西耶以及科林·罗。20世纪中后期，人们开始重视建筑与城市空间感知中的视觉与其他知觉的共同作用，成为身体统觉对城市建筑空间体验认知的先声。

7.1
卡米诺·西特的城市空间视觉体验

卡米诺·西特是一名奥地利建筑师，19世纪末写成了名著《城市建设艺术》，因此被广泛认为是现代城市规划和城市设计之父。他的思想曾一度产生过巨大的影响，虽然在接下来以勒·柯布西耶为代表的现代建筑运动中，他的影响力衰退了，但是时过境迁，对人的尺度关注使得当代建筑学界又开始重新认识到卡米诺·西特的重要性，以及发掘他的艺术原则的价值。

7.1.1　城市空间的视觉体验

卡米诺·西特生活在美丽的维也纳，切身体会了在19世纪下半叶的城市建设中维也纳发生的变化，他目睹古老的城墙由于不能抵挡现代火炮的攻击而被拆毁，新建成的电车环路环绕城市，老城被夷平，取而代之以新建的纪念性林荫大道和喧嚣夺目的新建筑。卡米诺·西特深深怀念维也纳、塞尔博格以及其他的欧洲老城中历史悠久的不规则形状的教堂广场和窄窄的街道。他哀悼那些失去的符合人尺度的城市肌理、有着喷泉雕塑装饰的公共广场以及其他的城市"公共艺术"。于是他重新整理了古罗马、中世纪以来欧洲城镇建设的规律与空间特征，期待以此唤醒现代主义兴起以来对城市空间的忽略。必须说明的是，卡米诺·西特所在的年代，正是维也纳艺术史学派，以及现代主义建筑初期维也纳建筑师兴起的时代。在那个时代，艺术家、艺术史家以及建筑师，都非常重视视觉艺术（包括绘画、雕塑与建筑）中视觉的作用。他们所提出的观点，已经不同于巴黎美院对古典理念的执著，突出的是身体经验，特别是视觉经验的作用。尤其是此时的维也纳艺术史学派重视视觉形式，加入艺术发展规律的理性与经验的总结，说明视觉艺术的本质。这必定也对在维也纳学习生活的卡米诺·西特的思想产生了影响。因此，他在书中的行文论证都是基于地面视角的空间体验进行的，视觉作用对书中的观点起了巨大的支撑作用。年轻的勒·柯布西耶在初期专业学习过程中，深受其影响，甚至成为他的信徒，在欧洲旅行的过程中，不断尝试运用视觉规律分析建筑与城市空间，最终完成了他著名的东方之旅。即使后期勒·柯布西耶坚决反对卡米诺·西特的一些观点，也是由开始的赞成逐渐转到否定与批判的，也就是说，只有经历了这个过程影响，勒·柯布西耶的建筑理念才走向了成熟。

卡米诺·西特在书中提出了回归中世纪城市设计手法的建议，认为可以在中世纪有机生长的城市空间里找到一条当时城市人文化的道路。他感到，城市设计的原则必须包含在古典意义之中，即按照亚里士多德所宣扬的那样，城市必须能够保护它的居民并使它的居民感到幸福。他试图消除典型的19世纪末期城市的那种单调感和艺术生命力的缺乏。卡米诺·西特的贡献在于把所谓的城市建筑的"第三维"又引进到了城市设计领域里，即城市空间体量的立体造型。这与早些时期"两维化"的只规定使用功能、交通组织以及建筑类型的城市规划思想大相径庭。卡米诺·西特的观点赋予那个时代的城市设计以新浪漫主义的色彩，他在19世纪末20世纪初引领了城市设计中"如画般"的或者说是浪漫主义的方向。由于卡米诺·西特的影响，从19世纪末开始，人们在城市道路改建中不再像以往那样单一地采用笔直的道路形式，而是常常采用略微弯曲的道路走向这一新的变化。

卡米诺·西特在他的著作里采用的方式是非常实用主义的，整个论断都建立在对历史性的城市空间以及这种空间所代表的生活方式的分析基础上。他首先在引言里回顾了古典时期希腊和罗马人建造城市空间，特别是城市广场的方式。这里，他从古典城市空间的自然美以及人对这种自然美的温馨感受中指出古典城市空间所散发出来的完美和谐，用他自己的话讲，如同用饱满纯净的音色来表达出最美的音乐。这种对失去的东西的追忆是发自内心的，也是一种对现实的不满。他把雅典卫城称作这座伟大城市的中心，称之为这个伟大民族的世界观的表现。在他眼里雅典卫城是一个经过几百年逐步成熟的艺术作品。与此同时卡米诺·西特给他的"艺术原则"也做出了界定，即是他认为的那种符合"美"的规律的原则，而这种"美"当然是传统城市空间的那种视觉所见的有机、自由、和谐之美，同时这种"美"也是传统城市空间里所存在的传统的亲近和谐的人文关系。

卡米诺·西特通过对几乎遍及整个欧洲的无数实例的分析，详细调查了以城市广场为代表的传统城市空间的特性。他指出了这种传统空间里各种不同建筑的元素之间的有机关系，广场空间中央不设置构筑物的重要性，广场空间的围合性与道路走向的关系，广场大小及形式与城市的有机关系等。他特别强调所有这种关系的自然性、有机性以及不规则性，这些正是他所向往的"美"及"艺术"。值得注意的是，他的研究不单单停留在观念上，他对广场空间还作了极细致的甚至定量的分析，对其品质给予了确切的判断。在书的后半部分，作者把精力放在了对工业化时代城市及城市空间的单调、乏味和不近人情的批判上，并在此基础上指出了改良这种城市空间的一些具体方法，且列举了大量实例。在笔者看来，现代城市的问题关键所在就是忽略了城市设计中的艺术问题，是只关注技术、忽略人文所致。

7.1.2　基于体验的设计原则

卡米诺·西特提倡城市空间设计的"图画式"途径。所谓的"图画式"就是"像一张图片一样构图,拥有和一张用心经营的油画一样的形式价值",从对一些欧洲城镇广场的视觉和美学特点的分析来看,尤其是那些渐进或"有机"生长的城镇,卡米诺·西特得出了一系列的艺术原则(图7-1)。包括如下内容:

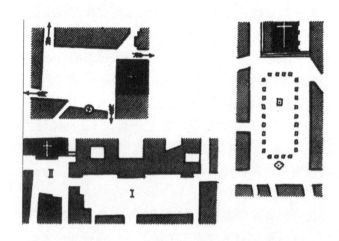

图 7-1　欧洲城镇广场的分析图

围合:对于卡米诺·西特来说,围合是都市性的基本感受,他的普遍原则是"公共广场应该是围合的实体"(图7-2),侧边街道和广场之间的交叉口设计是最重要的元素之一:站在广场向外看一次所看到的东西不可能多过沿着街道看到的,达到这一效果的一个方式是"涡轮形"平面。

图 7-2　被围合住的公共广场

独立的雕塑群:卡米诺·西特反对建筑物是独立雕塑体的概念,他认为,一栋建筑的主要美学意义在于其正面界定空间的方式,以及可以从该空间中看到的,在绝大多数广场中，观察者能充分地退后，将正面作为一个整体欣赏，以及鉴赏它与邻居们的关联。为了创造更好的围合感，卡米诺·西特提出，建筑应该彼此相连而不是各自独立。

形状：根据广场应该和主体建筑成比例的观点，依据主体建筑是长而低矮的抑或是高而窄的，卡米诺·西特区别了"深度型"以及"宽度型"两种类型广场深度最好与欣赏主体建筑的需要相关（即在主体建筑物高度的一到两倍之间），而相应的宽度则取决于透视效果，至于平面形状，卡米诺·西特推荐所有的关系都不要超过3∶1，他也很喜欢不规则的布局，以及中世纪和文艺复兴城镇中各种组合的多样性。他的观点涉及到"实体-正面"的概念，突出了有助于创造空间感的"辐射"感。

纪念碑：虽然卡米诺·西特的基本原则是广场的中心应该保持空旷，但他认为可以偏离中心或沿着边缘设置一个焦点。他在著作中也关注到了公共雕像及纪念碑合适的摆放位置。关于这种布置，他比较了孩子们在小岛上穿越雪地时在路边留下的雪人和为避免自然路径穿越空间而安放的纪念碑。他认为纪念碑的摆放要切合潜在的功能逻辑，同时也要具有审美的愉悦。

7.2
勒·柯布西耶加歇别墅中的视觉秩序

1911年，年轻的勒·柯布西耶在欧洲游学，目的之一就是想在欧洲城市中实地印证卡米诺·西特基于视觉的城市空间形态。无论后来勒·柯布西耶是否赞同卡米诺·西特的观点，视觉因素都构成了他设计思想的重要基础。他曾如此表达："我感兴趣的是与我的身体、我的眼睛和我的思想相关的东西"。《走向新建筑》是勒·柯布西耶设计思想宣言式的著作，据笔者统计，该书先后有近20处提到视觉或者以视觉为基础的感觉问题。勒·柯布西耶并没有从被动接受的角度泛泛地说明对建筑的视觉体验，而是从人类视看的动作现象，说明眼睛的视知觉作用。既说明了视觉可以感知到光线下的各种抽象形式（而不是具体的实体外在表象），也用转动的动态眼睛视看规律批判了巴黎美院的轴线设计方法等。在勒·柯布西耶看来，建筑形式的表达语汇，除了数学几何，就是视觉。

7.2.1 建筑中的几何与视觉

同为艺术大系统的构成分子，历史上不同时期的建筑与其他造型艺术一直都在互相影响、互相成就。从根本上来说，宇宙秩序是这些伟大作品都力图表达的某种终极思想之一。变动不居的自然宇宙万物的形体表象可以抽象为纯粹的几何形式，从而为艺术表达提供了与宇宙秩序和谐的艺术素材。要将这些几何形式呈现出来，就必须考虑赋予这些形式一定的空间场域，即，几何形式的表达具有空间性。如果设计师仅仅是在二维图纸上，以上帝视角通过抽象的几何关系来安排复杂的实体关系，就会落入勒·柯布西耶所批判的新古典风格的窠臼，因为那样就会像凡尔赛宫的设计，图面的整体几何关系是无法被在距地面1.7m左右高度的视觉感受到的。如何在地面视角考虑几何形式在空间中的协调组织关系，进而表达某种宇宙秩序？地面视角的视觉形式与透视法密切相关。文艺复兴之后直到20世纪初，人们认为眼睛对空间的感知是符合透视法则的，相信暗含着数学几何图形规律的透视法则呈现了人视觉中真实的客观世界的空间性。进入20世纪，在科学思想的发展下，在视知觉为主题内容的心理学研究下，艺术家与科学家都不再将文艺复兴的透视法则看作是视觉对空间唯一正确的表达了。在某种程度上，这也促进了现代建筑思想的成熟。现代建筑能够从萌芽到最终发展成为一种成熟的潮流风格，其形式意义必须不断升华到与主流艺术终极理念相合的状态。显然，这并不是无中生有的过程，而是对文艺复兴、手法主义等思潮中与几何及视觉相关思想的继承与创新。其中，勒·柯布西耶独树一帜，在立体派绘画中找到了灵感，尝试着在对科学透视的反思中寻找新的几何空间关系，这也推动现代建筑风格登上了艺术史的殿堂。

作为现代建筑"旗手"似的大师，勒·柯布西耶思想鲜明而深邃，在关注普通人的居住方式，关注机器化大生产社会现实的同时，助推现代建筑思想的升华。他建筑作品中的形式意义，既体现在了对传统几何的创新运用，也体现在了地面视觉的视看过程中。为什么引入视觉？因为视觉面前，人人平等，无论是加歇别墅的"现象透明"还是萨伏伊别墅的"建筑散步"视角，都可以看作是勒·柯布西耶从普通人视知觉出发赋予几何空间关系以新的形式意义的过程。勒·柯布西耶是在建立无透视的新透视法，而将这种空间关系揭示最充分的无疑是柯林·罗。

在柯林·罗的众多著作中，《理想别墅的数学》以及《透明性》是两篇充分表达其形式分析观点的重要短文，这两篇文章引证了勒·柯布西耶的同一个作品——加歇别墅。将这两篇文章放在对艺术史的研究和发展的角度中来看待，就会发现其内容呼应了勒·柯布西耶对视觉的重视，文章中充分阐述了几何形式下加歇别墅中的视觉形式秩序。毕竟，建筑视觉问题是柯林·罗一生都在关注的主题。

7.2.2 《理想别墅的数学》中的加歇别墅

文章主体内容在前文已介绍过此处不再赘述，本节提出讨论的是文章中关于强调加歇别墅形式内涵的问题。柯林·罗在后面论述到，如果勒·柯布西耶确实看重与追求数学与几何的关系，在加歇别墅中，我们却找不到如帕拉迪奥别墅中所表达的那种无可争议的清晰性。虽然在加歇别墅中，几何数学关系从平面反映到了建筑的体块中，以及支撑结构的处理中，但是整体方案却是一种"经过规划的朦胧与晦涩"。虽然后续内容具体说明了加歇别墅没有采用如马康坦塔别墅一样的中心大厅控制秩序，而是采用了分散于周边的感觉要素来组织秩序，于是产生了某种模糊与含混，但是，仍然值得我们继续探讨的是，"经过规划的朦胧与晦涩"代表着什么？

区别于19世纪末海因里希·沃尔夫林在视觉心理学基础上开创的形式分析方法，在瓦尔堡、欧文·帕诺夫斯基、鲁道夫·维特科尔、E.H 贡布里希等人的持续研究下，艺术史研究者发展完善了图像学研究方法，被学界称为瓦尔堡学派。他们强调形式背后的艺术家因素以及艺术品内容具有的象征意义等，这一学派直到如今仍有着深远的影响。当时，鲁道夫·维特科尔在做文艺复兴时期建筑研究，正在写作著名的《人文主义时代的建筑原理》一书。在《理想别墅的数学》中，柯林·罗也向鲁道夫·维特科尔学习，用艺术史的相关研究方法写作，不仅进行了两栋别墅的平面形式对比分析，也要努力寻找形式背后的表征意义。在他看来，加歇别墅平面的数学几何形式代表了宇宙的终极秩序，而分散式周边构图的表达，体现的是人的感觉要素形成的秩序，两种空间秩序总体上在加歇别墅中表现出综合与含混的特征。如果说当时柯林·罗仅提出却还没有论述清楚这种综合与含混，时隔8年之后，柯林·罗与罗伯特·斯拉茨基合作，继续以加歇别墅为例，从透明性入手深入细致地说明了这种"经过规划的含混与暧昧"与视觉相关的深刻内涵。

7.2.3 《透明性》中的加歇别墅

《透明性》仅仅是一篇小文章，比起20世纪50年代其他艺术史的大部头著作，实在是短小精悍得多。承接由冯特、费德勒等人的实验心理学传统，阿洛伊斯·由李格尔与海因里希·沃尔夫林将纯粹视觉运用到艺术史研究中以来，视觉心理学得到了极大的发展，相关原理也持续深入的在后期艺术史研究得到了进一步应用。当时在视觉心理学、格式塔心理学中出现了诸如《视觉的深入研究》《视觉原理》和《视觉世界的知觉》等专门的著作。这其中当然也包括《透明性》中所引用的戈尔杰·凯普斯的《视觉语言》，以及莫霍里·纳吉的《运动中的视觉》。可以说，当时在艺术审美方面的视觉心理研究已经进行得非常深入了。与此同时，原本内涵于艺术史的建筑史研究与艺术史开始逐渐分离，却也藕断丝连着。因此，柯林·罗的建筑形式研究受到相关视觉心理研究的影响是必然的。毕业于耶鲁大学的文章合作者罗伯特·斯拉茨基具有深厚的格式塔心理学背景，也为透明性研究提供了崭新的视角。因此，我们解读透明性，就必须理解其视觉研究的背景，理解其视觉体验的意义。这样才能使"透明性"概念成为以文章为底，清晰呈现的"图"。

7.2.3.1 概念反思

透明性概念与格式塔心理学有着密切的关联，其来源——戈尔杰·凯普斯所著的

《视觉语言》就是基于格式塔心理学的原理写就。在戈尔杰·凯普斯的定义中，透明性是"拓展了的空间秩序……同时对一系列不同的空间位置进行感知……透明的图形的位置是模棱两可的"，柯林·罗进一步解释为这"是明明白白的不太明白"。透明性代表的秩序是来自于视觉的，不能具备像理念世界的抽象几何形式那样的清晰性。但是，又不能说这种视觉经验是无序的，不能说是完全个人的变动不居的经验，而是一种不太清晰的秩序，是相异于纯粹理性的秩序，是一种动态的均衡。关于这种平衡，鲁道夫·阿恩海姆在格式塔心理学著作《艺术与视知觉》中也有所描述。他认为，当一幅作品中要素的力量达到了相互平衡的程度，就会使式样本身显得模棱两可和动摇不定。而这种动摇不定是现代派艺术家们十分欢迎的效果。

7.2.3.2　立体主义绘画对透视法的突破

透明性包含物理（literal）与现象（phenomenal）透明性，本文主要针对现象透明性。文章从塞尚和立体主义作品中引出了透明性在绘画中的表现。勒·柯布西耶曾表示，理解他的建筑要先理解他的绘画，而且他的绘画来源于立体主义，从立体主义绘画出发理解建筑也符合勒·柯布西耶的态度。立体主义绘画中的透明性，与在二维的绘画平面上表达事物的三维空间性相关，也即是与透视法有关。在塞尚之前，无论是古典时期、中世纪还是文艺复兴以来，不同的透视法是绘画作品表达空间的重要手段。文艺复兴时期由伯鲁乃列斯基发明，经由达·芬奇、丢勒、阿尔伯蒂等人的发展，在阿尔伯蒂的《论绘画》中对基于数学几何方法的科学透视法才有了详细深入的说明。文艺复兴时期以及其后的画家已经能娴熟地运用科学透视在绘画中表达空间。

开创了图像学的瓦尔堡学派重要学者——欧文·帕诺夫斯基在对海因里希·沃尔夫林的批判中揭示了文艺复兴透视学的视觉本质。透视学是建立在欧几里得几何基础上的一种对现实世界的数学表达。对于艺术家来说，在人视角下，不存在对空间完全"客观"的表达，无论什么透视法都是人再现视觉世界的一种方式。从文化发展的角度来说，文艺复兴透视法与古代埃及的透视观点同属于空间表达方式之一。因此，透视法也是一种符号。科学透视由单眼确定的空间关系实际上预示了一种在抽象匀质空间中的灭点，及确定的静态的视看位置和平面的投影面。没有考虑到人在环境中的运动，也没有考虑到人双眼的视差，更没有考虑到人眼球中视网膜实际是内凹的生理现实。对透视法的批判认识，是引领艺术史研究从视觉形式分析走向图像学分析的重要一环，也是很多艺术家在突破视觉再现方法中所追求的目标。在透视学已经深深地影响了人类视觉认知方式的情况下，确实很难意识到这种几乎是哲学层面的认知。塞尚的绘画则改变了这种情况。塞尚作品中的实体一眼看过去是符合透视关系的，但是仔细欣赏会发现，其中有很多局部的突破。利用精心安排的色块、斜线与曲线的变化，让人的视觉感知到一种丰富的空间性以及整体的秩序感。《透明性》中引用的塞尚的作品《圣维克多山》就是这样一种既有自然再现，也有几何化表达，既有透视视角，也非准确透视的多重意义的立体主义主题画作（图7-3）。

在此基础上毕加索等人开创的立体主义，更是越走越远，画面效果虽然与平行透视有关，却完全突破了线性透视的限制，是在二维平面表现空间深度的一种新的尝试，把人类视看的再现表达推进了巨大的一步。经过层化处理的多重透视微妙地叠加穿插，与原本单眼视

图7-3 塞尚的《圣维克多山》

觉的平行透视有着本质的不同。也就是说，现象透明性的意义在于用平行透视表现置身于抽象的浅空间中的事物之间的相互关系。

7.2.3.3 绘画对比表达的现象透明性

《透明性》按照艺术史常见的对比分析方法，以莫霍里·纳吉的《拉撒拉兹》与费尔南德·莱热的《三副面孔》两幅画作为对比分析继续说明现象透明性。

在《拉撒拉兹》（图7-4）中的空间关系是通过前后不同平面的相互叠加所表现出来的，并不是一种透视的空间关系。当然画中的平行四边形也可以理解为矩形的透视缩短，但是，上下几个平行四边形本身并没有表现出缩小来，也就是，即使表达了透视关系，也是在同一层空间内部的透视。在这种叠加空间关系的情况下，以图底关系分析，呈现出表达对象的画面，或者说画布，一定是作为表达对象的底而存在的，即是画中统一的黑色背景。而《三副面孔》（图7-5）表达的三个主题（画面左中右三个位置的内容自成图形），既有叠加遮挡，又具有缩短和大小变化的透视关系。在这种复杂的空间关系中，画布位于什么

图7-4 莫霍里·纳吉的《拉撒拉兹》

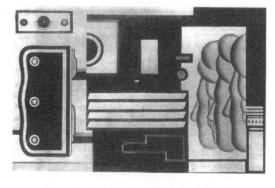

图7-5 费尔南德·莱热的《三副面孔》

位置？或者说，透视的投影面在哪里？以平行透视来看，中间的正面主题是在投影面前面，因为圆点及方形的尺度都比左侧的要大，是一种透视放大的处理。左侧的正面主题则位于投影面的后面。而右侧的三个头像则具有较小的斜线纵向透视，表达的是空间的侧面。整体构图消除了明显的背景底，图形要素悬浮在空间中，整个背景底是处于一种想象空间中的，或者在前、或者在后、或者在中间，是一种模棱两可的暧昧关系，是图形要素同时在不同位置的表达。透视的投影面在文艺复兴透视学中，被阿尔伯蒂称作扇窗口的投影面，可以位于表达物体中间的位置。而在《拉撒拉兹》中，"莫霍里好像突然打开一扇窗"，那扇窗一打开，表达对象全部展现在了面前。视点唯一，画面唯一。确定投影面位置是理解空间既是在前又是在后的关键。立体主义画家再也不认为绘图平面扮演着被动的角色，底与图具有了同等的空间可模仿性。画家采用平行透视精准表现位于抽象的浅空间中的事物，就是现象透明性。

但是这种空间性如何表现在本身就具有空间的建筑中呢？这也是从《理想别墅的数学》以来，柯林·罗一直想要说明的问题。即前文所提出的加歇别墅整体显示出的"一种经过规划的朦胧与晦涩"问题。有了立体主义绘画说明的铺垫，柯林·罗继续说明，正是透明性让建筑中的视觉形式秩序有了明确的表达。

7.2.3.4　加歇别墅中的现象透明性

如同绘画的对比分析一样，柯林·罗选择了格罗皮乌斯的包豪斯校舍与加歇别墅进行对比说明，这也成为建筑史研究中一桩充满争议的公案。包豪斯校舍的物理透明性易于理解，本文暂且不表。在加歇别墅中，"柯布西耶已经将建筑同其赖以存在的三维空间分割开来"。实际上，就是要如同立体主义绘画一样，通过打破建筑中存在的透视法空间关系，或者说，不用通常意义的透视法则呈现的空间关系来表达建筑中的视觉秩序，以期符合在建筑空间中的地面视觉体验。在此，勒·柯布西耶将其转化为了对平行透视最高程度的关注。柯林·罗分析出其中空间的层化在纵向上彼此平行的分层关系，即一组并行的，水平延伸的空间，一个贴在另一个的后面，内部空间形成了一系列扁平浅空间的连续分层序列。通过层化处理的深空间，打破了在透视深度连续的感觉。如果将透视所成二维图像看作是在平面上的线条关系，其实就是打断图像侧面斜线的连续，同时形成另外的透视深度，从而在空间的地面视觉体验中形成不同的透视关系。因为对于某一视点来说，侧面深度的连续性被打断之后，只能在连续的运动中重新建立新的侧面深度。这样做也将空间的深度与正面区别开来了。侧面的深度被打断之后，正面就突显出来，形成了正面性。或者说，正面性的空间是用一种不连续的深度来表达的。当然，所有的分层以及对侧面深度的打断，都是建立在建筑平面几何形式秩序框架内的，从而形成几何与视觉秩序的统一。

加歇别墅的首层退后立面与屋顶自由伸出的女儿墙之间形成一个"界面"，二三层突出的条形窗的侧面在这个"界面"处分别被两扇门打断（灰色表示界面）如图7-6所示。实际上两个门并非为通行所设，门外没有阳台（图7-7）。门的存在却让墙与窗似乎是漂浮在退后的那个"界面"上。但是，这个"界面"在正立面左侧退后形成的二层平台处却被打断，在这里立面的平行透视会看到侧面的自由墙面，通过此处连续的斜线似乎在强调空间的侧面的存在（图7-8），就如同是费尔南德·莱热的《三副面孔》侧面的三个人头。在后退的平台界面上形成第三个界面，于是在对着花园的纵深方向就形成了四个界面（包括前后墙）。

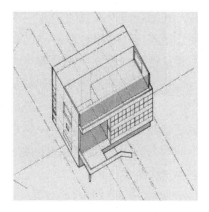

图7-6 立面退后形成界面

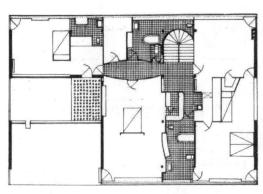

图7-7 位于前后角落的门

图7-8 正立面左侧退后

内部空间也在利用层化空间的处理打断连续的侧向深度，同时，用凹进平台的办法暴露侧面。如同外部形态所暗示的，内部空间的分层化也比较明显。例如，前后长窗后面由于柱子后退限定的狭长空间，与内部空间由柱网强调的纵向方向刚好相反

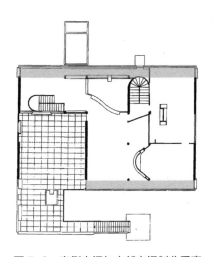

图7-9 窗侧空间与内部空间划分垂直

（图7-9）。在视觉上，不同方向的层化空间相互提供了空间界面，也即是图7-10中灰色带所示的窗内侧狭长空间成为内部纵向空间的界面，反之亦然。或者说从平行透视来看，利用不同方向的层化空间提供了侧向深度，而不是利用连续的实体界面提供侧向深度。虽然利用了网络化的纵横向空间互相阻断，但是在视觉上肯定是以连续的层化空间效果来实现内部空间透视效果的解构，从而创造出丰富的内部空间视觉秩序。

因此在建筑中的现象透明性，并不是简单的相互叠加、渗透。更加关键的是在建筑中所表达出的一种对线性透视空间观的突破。整体空间秩序的建

构，在相互辉映之间的相互构成才是其关键所在。虽然霍伊斯里在后续的补充说明中，用图示表达了透明性的形成过程（图7-10），但是，这样说明容易引起读者误解，会以为现象透明就是在空间纵深方向上墙面的叠加。实际上，如果只是将墙面分层延纵深方向并列，还不能穷尽空间与实体关系的透明性带来的奥秘。透明性的本质更在于书中所说"空间维度的矛盾，正是透明性的特征之一"，最终实现了"深空间的现实不断地遭到浅空间暗示的反驳，结果张力越来越大……这样的空间网络将最终引发无穷无尽的动态解读"。加歇别墅的宣传照片用的大多都是一点透视，就是为了强调层化的动态视觉（图7-11）。

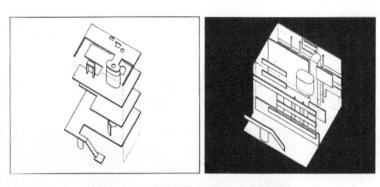

图 7-10 霍伊斯里的透明性分析图示

图 7-11 包豪斯校舍与加歇别墅图片对比

通过上述分析，勒·柯布西耶作品实现了现象透明性。虽然勒·柯布西耶本人不一定承认基于透明性的分析，而且透明性发表后也出现不少反对意见，但是仍不能否认该文章对加歇别墅空间性的有效分析，毕竟加歇别墅体现了丰富的空间效果是不争的事实。其后，勒·柯布西耶进一步提出了建筑漫步的想法，强调了人在建筑中的运动，与透明性的思想相辅相成。二者共同构成了勒·柯布西耶建筑作品中的视觉秩序表达。

具体到创作手法，加歇别墅体现了三个特征。第一，方案中多米诺体系的结构展现。看起来是故意与墙面分开以暴露结构柱的做法，既保证了如几何形式一样清晰的结构理性的表达，也为空间的层化确定了不同的界面层次。第二，建筑实体中的镂空元素。既包括立面局部退后的水平镂空，也包括平面楼板局部的垂直镂空，使得整体空间架构在垂

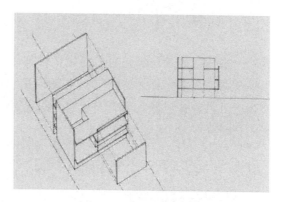

图 7-12　水平与垂直的镂空

直方向仍然具有层化效果（图 7-12）。第三，柱网平面中小开间的设置。即那些在前文图 5-4 里的平面中分割比例为 1 的小开间。这样做既可以使平面具备与帕拉迪奥别墅平面一样的几何形式，利用小开间柱网呼应平面划分的古典几何比例，也可以利用小开间柱网设置楼梯、小的辅助空间等，丰富空间层次界面，为空间的层化处理创造条件。

综上，柯林·罗认为勒·柯布西耶的加歇别墅在表达几何永恒秩序的同时，融合了视觉秩序。虽然二者似乎是矛盾的，将二者并置产生了一种含混，或者模棱两可的效果，但是，这种现象是借鉴立体主义绘画做法，颠覆文艺复兴透视法则空间观的一种表象，其实质是在严谨几何秩序中寻求的一种视觉形式秩序的表达。

7.3
柯林·罗的《手法主义与现代建筑》

柯林·罗是著名的建筑史学家、理论家、评论家，在他复杂的理论体系下，写于1950年的《手法主义与现代建筑》（以下简称《手法》）被认为是柯林·罗"最像'史学家'的一次写作"，这也是他为了将现代建筑风格化，在艺术史中找到适当位置所做的努力。在细读了该文之后，为了更好地理解文章中的内容，笔者感到需要细致分析他艺术分析理念及方法的背景来源。在欧美的学术传统中，"建筑史是艺术史的一个分支"。在早期艺术史的研究中，建筑是作为一种艺术门类，与绘画、雕塑等一起进行论述的。因此，我们必须将柯林·罗书中的观点植入艺术史研究发展的文脉之中，才能够透彻了解他研究的内涵。笔者认为，建立在抽象几何与具体视觉经验形式基础上的，纯粹形式构成分析与注重形式意义的图像分析两个艺术史研究方向，构成了该文写作的文脉（context），有助于我们深入理解该文对部分建筑史片段的阐释，以及对以勒·柯布西耶作品为代表的现代建筑所进行的综合分析。

7.3.1 艺术史相关研究文脉

一般认为艺术史研究始于18世纪德国学者温克尔曼。借鉴19世纪以来心理学发展所获成果，阿洛伊斯·李格尔以及海因里希·沃尔夫林开创了艺术科学的研究，艺术史研究从此蓬蓬勃勃地展开。受到不断推进的视觉心理学研究的支持，与视觉相关的艺术史研究成为了一个重要方向。

7.3.1.1 艺术史中的视觉形式研究——基于视觉经验的先验形式

海因里希·沃尔夫林是视觉形式研究的重要代表，他被认为是将移情理论以及视觉心理学引入艺术形式分析研究的首倡者。海因里希·沃尔夫林在其博士论文《建筑心理学研究》中将建筑的局部比拟为人的身体，基于拟人的移情观念进行建筑形式研究。他认为"对于视觉的心理学理解，是内含于身体中的，可以有效地运用到对建筑的解释中"。随后，他将视觉形式的研究引向深入，完成了另外一部重要著作《艺术风格学》的写作。书中说明他主要分析的是"各个世纪中作为种种再现性艺术的基础的感知方式"。他将感知方式，或者说具有具体经验特征的视觉形式归结为五对范畴，其中的线描与涂绘被认为是最重要的一对范畴，统领了其他几个。线描可以看作是反映事物本质的古典理念化形式，而涂绘则是反映人的视觉所见的感觉形式。围绕这两个主要范畴，他论述了文艺复兴至巴洛克时期的艺术形式所表现出来的封闭与开放、清晰与模糊等几个特征。我们可以将这五对范畴看作是眼睛在视看过程中，对视看对象（或者说视看经验）的一种先验形式的把握。书中有很多对视看对象的描述性分析内容，是一种基于眼睛对视看对象（绘画、雕塑和建筑）再现的形式特征的总结。不仅如此，与当时另一位艺术史学家阿洛伊斯·李格尔一样，他也区分了艺术的触觉形式与视觉形式。这是一种对永恒存在的古典形式理念与视觉所见的经验再现形式的区分。例如，在论述到清晰与模糊的时候，海因里希·沃尔夫林写道"古典的清晰性指的是以终极的、不变的形式来表现，而巴洛克的模糊性指的是使各种形状看上去好像是某种在变化的、生成的东西"。类似这样的，基于视觉所见经验与形式的阐述在书中随处可见。

海因里希·沃尔夫林在对艺术作品的分析中，仅关注了艺术作品的视觉形式，而将形式背后的实践内容悬置不论。所谓视觉形式分析，是利用当时心理学与视觉形式发展的研究基础，结合艺术作品的视觉经验提炼抽取视觉形式范畴，并依此对艺术作品进行分析。因此，这种分析是基于来自视觉的经验主义，再将视觉经验提炼为先验形式的。其实是一种先验形式与经验主义的结合，这基本是将艺术史的发展建立在了视觉心理学的基础上。

7.3.1.2 艺术史中的图像学研究——艺术作品背后的图像学意义

柯林·罗的硕士导师是鲁道夫·维特科尔。我们通常认为鲁道夫·维特科尔师承海因里希·沃尔夫林，因为他曾经在慕尼黑大学学习过一段时间，当时，海因里希·沃尔夫林正在慕尼黑大学教书。实际上，鲁道夫·维特科尔在慕尼黑大学学习的一年并没有形成亲密的师生关系。在学术思想方面，因为鲁道夫·维特科尔在英国瓦尔堡学院就职之后的研究成就为世人所知，所以更应该将他同欧文·帕诺夫斯基、E.H·贡布里希等人共同归属于瓦尔堡学派图像学研究的主流学者。图像学研究与视觉形式分析有联系也有差别，但是分歧要超过一致。与单纯的视觉分析一样，图像学研究同样认为不存在如拉斯金所说的"天真之眼"，我们在视看事物或者艺术作品过程中，不同的眼睛看到的并不是完全相同的一种表象，而是有一个视觉再现的过程。但是，与注重视觉心理分析的海因里希·沃尔夫林不同，图像学认为这个过程与作品背后的创作实践过程，以及作品内容所具有的象征意义等相关内容紧密相连，将视觉经验拓展到更广阔的空间，将文化学内容引入了艺术科学。图像学研究更加全面地体现了艺术作品的本质，因此，具有强大的学术生命力。

当然，鲁道夫·维特科尔属于哪一个学派并不是重点，重要的是他的研究方式。鲁道夫·维特科尔是最早将建筑史研究从艺术史研究中独立出来的重要学者之一，他1934年发表的文章《米开朗基罗的洛伦佐图书馆》就已经具有瓦尔堡学派特点了。没有就形式论形式，他反而仔细对比研究了米开朗基罗的设计想法与实际建成效果，从而丰富了洛伦佐图书馆的形式内涵（图7-13）。他的成名作《人文主义时代的建筑原理》一书的一半主要内容最初发表在瓦尔堡学院的期刊上。虽然书中相关内容还可以看到视觉分析的影子，例如在救世主大教堂的实例中，所分析的帕拉迪奥的视觉与心理概念。但是，鲁道夫·维特科尔明显更加重视文艺复兴建筑中数学比例关系理念化形式的表现及其象征意义。区别于当时流行的注重感官愉悦的经验主义研究方法，他将文艺复兴建筑提升到形而上学的层面，充分表现了瓦尔堡学派图像学意义分析的特点。瓦尔堡学派在欧文·帕诺夫斯基、鲁道夫·维特科尔之后，扛起图像学分析大旗的是大名鼎鼎的E.H·贡布里希。持续发展到现在，视觉性研究已经演变成为视觉文化研究中一个极大的流派。

图7-13　米开朗基罗设计手稿与实际建成效果对比

7.3.2　关于《手法主义与现代建筑》

柯林·罗在师从鲁道夫·维特科尔的硕士学习阶段完成了《理想别墅的数学原理》与《手法》两篇文章，回到美国师承希区柯克在独立于艺术史的建筑形式分析方面继续钻研。与此同时，现代建筑从欧洲传到美国，继而传向全世界。在这种学术研究背景以及建筑实践形势基础上，属于柯林·罗早期建筑形式分析的《手法》一文的研究思路如何呢？笔者认为，目前我们过多关注了文章中所反映的理念形式部分的内容，而较少关注其中的具有经验特征的视觉形式内容。抽象理念形式意义，可以通过与数学几何的重要联系得到表达。视觉形式意义的落脚点在哪里呢？这才是柯林·罗试图要回答的重点内容。不同于绘画等平面艺术，在建筑内外的体验过程中，那些设计师的殚精竭虑的设计，在平面和立面以及空间设计中的抽象几何关系在现场的视觉体验会告诉我们吗？诚然，具体视觉所见经验并不全如即时所见，也有抽象几何关系的感知，但是这是经过抽象的，属于上帝视角的形式，而不是属于"人"的在建筑体验实践中呈现出的复杂、杂多的现象。是否在建筑内外的视觉感知实践初期，也存在具有经验特征的视觉形式的把握及其意义的感知？柯林·罗重新发展了海因里希·沃尔夫林的视觉形式分析，并尝试引入图像学的方法，既重视建筑中绝对的理念化形式象征意义的表达，也将其与经验化的视觉形式并置，强调二者带来的矛盾与暧昧，尝试将前者的图像学意义引入到视觉形式中进行阐释，凸显了以勒·柯布西耶作品为代表的现代建筑的独特特征。曾引认为他的基本理念在于"两种范畴的形式研究：一方面是同结构和空间相关的智性原则与概念逻辑，另一方面则是建筑形式同视觉与感知心理的关系"。笔者深以为然，不过柯林·罗的分析重点在于这两者的综合辩证关系并将二者统一到图像学意义之中。

7.3.2.1　缘起

在《手法》中，作者先从勒·柯布西耶设计的施瓦布别墅中不同寻常的入口立面空白墙说起，他认为这个立面白墙的处理与其他立面以及背后的功能都显得不那么协调，都没有表现出其他立面所具有的新古典、折中主义的特色（图7-14）。在体验中，就在理智被这样的模糊对立所迷惑的时候，眼睛视觉却会停留在这块白墙上。认为它"无论看多久，都会让人着迷与兴奋"。"因为它的结论性，整栋建筑都具有了重要意义"。然后，柯林·罗追溯到16世纪建筑墙面开窗以及窗间墙面板的处理发展历史。对比分析了帕拉迪奥设计的柯格罗宅（Casa Cogollo）和卒卡利设计的自宅（Casino dello Zuccheri）

图7-14　施瓦布别墅入口立面

两栋别墅（图7-15），给这两个建筑以很高的评价，认为他们"代表了一个类型，一个16世纪晚期艺术家住宅的设计准则"。分析后他分别指出，帕拉迪奥的作品与勒·柯布西耶的作品一样，都代表了勒·柯布西耶在秩序方面所要表现的形式两重性，既要满足外在形式对古典秩序的尊重，又为了避免简单模仿，要在视觉形式上采用不同的做法以形成冲突。两栋建筑都通过极端的直白和简约的方式来表达了复杂两重性的问题。而

图7-15　帕拉迪奥柯格罗宅与卒卡利自宅立面

卒卡利的别墅采用了一种复杂的方式来实现同样的目的，白墙与周边的立面元素都存在某种冲突与不一致，都表现出某种含混，模棱两可的状态。最后他总结道，萦绕在这三个立面上的同一个问题就是建筑本应具有的古典理念化形式本质以及外在的视觉表象之间的差异性所决定的双重重要性的两难境地。实际上按照海因里希·沃尔夫林的观点，这就是线描与涂绘不同视觉形式风格矛盾的并置。

他不断强调，这两个方案的提出是为了说明手法主义中的含混性（ambiguity）及暧昧的特性。因此，这样的比较不能仅看作是为勒·柯布西耶的现代建筑寻找历史线索，其另外一层深意，就是要阐述对抽象几何形式以及具体视觉要素二者同时重视时所表现出的含混与冲突，这是手法主义建筑与勒·柯布西耶的现代建筑同时具有的本质特征，而现代建筑的这种含混与冲突有什么新的意义呢？柯林·罗基于图像学艺术史实践的角度展开了进一步的说明。

7.3.2.2　历史

以个案提出问题之后，该书转向了艺术史的历时性研究。首先比较全面系统地阐述了文艺复兴至20世纪初的建筑艺术观念发展的过程，以此角度说明了手法主义为了颠覆盛期文艺复兴风格，而出现这种含混性的必然性，或者说历史规律性。柯林·罗认为勒·柯布西耶的施瓦布别墅也是想要寻求与当时已有的现代主义建筑的区别，于是，他紧接着说明了20世纪20年代现代建筑发展的历史文脉，目的是用比较来说明在古典形式与视觉秩序之间所发生的表征意义的均衡是两个时代的相同特性。

在现代建筑的所有源泉中，从形式的价值与意义的角度来说，19世纪后期（1870年）以来，有两个模式需要注意，其中之一是对最清晰理性的表达，也就是现代建筑区别于绘画等其他艺术形式而独有的，与结构理性相联系的理智意义。另外一种就是与视觉经验相联系的折中主义形式。这两派之间是相互有影响，共同进步的。第一个模式就是要通过结构表达建筑为"真"的理念化形式，表达建筑的本质特征。而第二

个模式则是视觉审美的，要表达建筑的感觉意义。柯林·罗继续用较多的笔墨，细分阐述了此时期的这两个模式与早期文艺复兴时期以及18世纪晚期和19世纪早期的做法都有所不同。在艺术观念中，早期文艺复兴表现出明显的理智主义，认为世界有其自然运行的法则，理念世界建立在数学和几何基础上，排斥人类变动不居的感官经验。18世纪晚期，随着启蒙运动的广泛开展，经验主义哲学成为主流，经验主义注重建筑如画的表达，如休谟所说，所有可能的知识不过是人类的感觉。这样，理性秩序就被破坏了，或者说理智的统一建构作用被消磨了。美并不是事物与生俱来的本质特性，而是仅仅存在于个人体验中的，且每个头脑中的感受都是不同的，释放个体感觉的经验主义成为了19世纪的主流。艺术家并不再寻求一种统一一致的形式的看法，或者说，大家共同认定的形而上学的事物本质不再受重视了，个人感觉的表达成为最重要的东西，折中主义开始流行。

19世纪中期之后，学院派的构图（composition）成为一种主流，一直发展到19世纪后期，人们开始为视觉表象赋予一定的形式意义。即将前述浪漫主义建筑及其感觉的暗示进行规范化（codified），注意这里的形式意义并不是像文艺复兴一样，追求与古典的一致和来自于宇宙永恒的理念，而是与人的视觉体验有明显关系的，是为视觉体验赋予形式的过程。但是其做法并不成功。由于现代建筑体现出了对学院派的反叛，因此，并没有将学院派构图做法进行延续。但是，这种做法并没有因此而断绝，仍然对现代建筑产生了巨大影响。

在20世纪早期，一种建筑对视觉影响效果的理论已经逐渐出现了。这就是前述阿洛伊斯·李格尔与海因里希·沃尔夫林开创的基于视觉形式的艺术科学。在这个概念下，新艺术运动与表现主义建筑，以及密斯早期对新古典主义的学习都已经被证明，将视觉经验表达为理念化的视觉形式的探索有了一定的进步。但是，柯林·罗用了路斯的例子来说明，这些探索依然没有得到理想的形式。他认为本来路斯提出了在建筑中完全舍弃装饰的理念，很像手法主义对文艺复兴的反叛，但是他的很多实际做法却类似于新古典主义建筑，并未突显现代建筑的形式意义。

总之，柯林·罗通过艺术史实践想说明，不同于古典建筑抽象几何形式所具有的形而上的抽象理念意义，也不同于文艺复兴建筑几何形式所体现的人文主义科学理念意义，现代建筑在手法主义的基础上，不断在寻找赋予建筑空间视觉形式意义的可能性。实际上，这也是与艺术史本身的研究发展过程相耦合的。基本上，海因里希·沃尔夫林最先纯粹在视觉基础上进行了形式总结，随后艺术史图像学开始重视艺术形式的实践过程与象征意义，关注其中的几何形式所具有的理念意义。而柯林·罗要做的工作是将具体视觉经验与图像学研究进行综合，总结区别于抽象形式的视觉形式背后的图像学意义。柯林·罗认为在实践层面，在勒·柯布西耶的施瓦布别墅之前，现代主义建筑师一直在尝试一种在作品中体现视觉形式的做法，但是并不成功。没有适应视觉经验的多样性与连续性，仍然回到了古典形式象征的窠臼。

于是，柯林·罗以勒·柯布西耶的施瓦布别墅作为现代建筑发展的转折点，又回到施瓦布别墅所在的时代，引入立体主义绘画进一步说明将抽象几何融入视觉形式的艺术实践。

立体派绘画的主要特点是简化和叠加，重视平面而不是体块。虽然立体派绘画是与视觉有关的，但是并不是视觉表象经验的简单表达。绘画内容中常见的棱镜一样的几何形式的实现，其目的是为视觉的再现赋予理念化的形式秩序。他继续总结文艺复兴时期的抽象与20世纪20年代抽象的不同。文艺复兴时期的抽象是为了一个理念世界的抽象，或者说是为了脱离世俗的绝对空间而存在的。为了理念世界而存在的抽象，与现实世界的关系并不够紧密。而20世纪20年代的抽象，是在经验主义基础上的个人审美的抽象，已经具有了个人视觉经验形式化的做法。一个是外部世界，公共世界的象征，一个是内部世界，个人世界的象征。

至此，我们理解了具体视觉经验与形式意义相结合的方式。立体派绘画所采用的方式，也即是勒·柯布西耶建筑设计的方式。在建筑学上，视觉感知经验的图像化，或者说图像学形式意义正是基于这种立体派绘画采用的叠加与拼贴等艺术处理方式才能够有所表征。这也是勒·柯布西耶之前早期现代建筑探索所或缺的方式，也正是基于此，我们可以理解勒·柯布西耶在《走向新建筑》中表达的建筑理念，为什么既肯定数学几何的崇高理念，也没有否定具体感觉经验。但是，读者仍然会很疑惑，既然二者兼顾，理念化的抽象形式（如同文艺复兴时期）与多样化的感觉形式（如同20世纪初出现的），到底哪一个才是勒·柯布西耶认为的正确形式？

7.3.2.3　观点

在前述对历史的梳理之后，柯林·罗正面提出了自己的观点，正是因为勒·柯布西耶看起来矛盾的理念，表现出了20世纪20年代现代建筑区别于早期现代建筑的重要特征。勒·柯布西耶在尝试一种既有抽象的理念形式追求，又能够给具体多样性的视觉感知赋予形式意义的做法。而这种做法在20世纪20年代以后的现代建筑中也普遍了起来。他以西格弗里德·吉迪恩在《空间·时间·建筑》中所说明的格罗皮乌斯设计的包豪斯校舍建筑为例。在包豪斯校舍中，一个人在欣赏平面以及结构所带来的智性秩序的时候，视觉却被同时广泛分布的其他元素所干扰了。缺乏中心性的元素，让视觉无从落脚。恐怕只有在空中的鸟瞰，才能够有一个智性的总体把握。正是以这种干扰含混的做法（而不是为视觉直接提供愉悦），现代建筑里令人愉悦的元素才得以展示。朦胧晦涩的平面，迷宫般的计划，都为视觉加强了体验，只有不断通过理性的重建才能把握空间秩序。

在提出观点的基础上，他继续以案例对比证明16世纪的手法主义建筑与20世纪20年代的现代建筑同时具有这种含混暧昧性。例如米开朗基罗的作品斯福尔扎祭坛与密斯的砖宅（图7-16）。

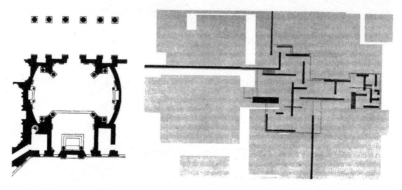

图 7-16 米开朗基罗设计的祭坛平面与密斯设计的砖宅平面

综上，艺术史发展过程的简要描述，展现了建筑中几何与视觉形式意义的演变。在重视古典建筑所具有的理念化的几何形式意义基础上，艺术史开始重视视觉经验所具有的形式意义。柯林·罗认为手法主义与现代建筑中对几何形式与视觉形式的同时重视，看似含混与暧昧的并置，却是有着深刻的内涵。文章中的着眼点更在于现代建筑（尤其是勒·柯布西耶的作品）对于二者的融合，这意味着现代建筑已具有了一种崭新的视觉形式秩序特征。不同于基于视觉心理抽象的先验形式，也不同于注重象征内涵延展的图像学意义，而是在具体的现场视觉体验中，建筑实体与空间暗含了复合的形式意义。借鉴立体派绘画空间表达方式对文艺复兴以来线性科学透视法的突破，现代建筑将建筑视觉元素，以及轴线对称、几何原形等历史元素通过立体派绘画的复合方式融合进在场体验中，将原本变动不居的个人视觉体验升华为某种形式结构。总之，20世纪20年代后的现代建筑不仅具有数学与几何的处理手法，以及凸显结构意义的智性原则，同时通过整体架构的复杂空间形式来赋予了在场的视觉经验以图像学形式意义。正是这两种形式的综合给人们带来了丰富的建筑空间体验。

7.4
托马斯·戈登·卡伦的城镇景观思想

托马斯·戈登·卡伦，1914年8月9日出生于英格兰北部城市布拉德福德。20世纪50年代以来，面对城市发展带来的市中心衰败、郊区蔓延、以汽车为导向的大尺度城市格局对城市肌理和社区氛围的破坏等问题，面对新先锋派思潮对传统保守的、经验主义的、以视觉为主的"城镇景观"理念的冲击，面对规划理论开始向关注社会、经济生活及其复杂性与相关性的系统与理性程序理论的转变，托马斯·戈登·卡伦将自己先前的零碎观点整合为系统的"城镇景观"理论，并赋予其在视觉背后的场所、感知与历史等层面的内容，于1961年完成出版了《城镇景观》一书。

托马斯·戈登·卡伦"城镇景观"思想以"序列景观"为城市认知首要途径，以"案例簿"指代的经验主义方法论为基础。托马斯·戈登·卡伦将"一个房子是建筑，而两个房子就是城镇景观"的观点进一步提炼，提出了作为"关系艺术"的"城镇景观"（城市设计）基础定义。他基于理解环境的另外两种途径——场所与内容，提出了以"这里与那里""这与那"为核心特质的场所理论与内容理论。"序列景观""关系艺术"、场所和内容理论不仅是托马斯·戈登·卡伦在《城镇景观》中提出的"环境游戏"设计理念的理论支撑，而且是托马斯·戈登·卡伦"城镇景观"思想的核心。

托马斯·戈登·卡伦将"城镇景观"定义为"关系艺术"（art of relationship），这源于他对人类群居的反思和对城市本质的认识：建筑的聚集和人类的聚集类似，能带来单个建筑难以产生的视觉愉悦性。因此，他的著作主要目的是"讨论一个有关城市的面貌将给本地居民和访客带来何种视觉影响的问题。"托马斯·戈登·卡伦开创新的运用插图绘画的手法，阐述自己思想的方式。使得理论阅读的文本也具有视觉的意义，产生了与纯粹文本说明相关要素不同的，独特新颖的描述特征，从而与学习者产生了视觉上的共鸣。

托马斯·戈登·卡伦将英国新城形象地比作脱离文脉的，由相互之间没有任何关系的建筑单体组成的"单调的、毫无意义的AAA或000"，就像是没有任何联系的字母，而不是具有充分叙事意义的场所，并指出新城规划问题的根源在于"关系"的缺失。他认为，城市并非"由街道构成的图案"，而是"由建筑群创造的一系列（相互关联的）空间"，且建筑群之间应存在一种与"建筑艺术"类似的"关系艺术"。"关系"涉及的范围较广，既包括建筑、树木、自然、水、交通、广告等不同物质要素之间的关系，又包括围合、开敞、压抑等不同空间要素之间的关系，还包括大都市、城镇、世外桃源、公园、工业区、耕地与荒野等不同景观类型之间的关系。此外，"关系艺术"还构成了托马斯·戈登·卡伦认知城市"场所"与"内容"的基础。

为了解决景观设计实践问题，他提出了三条路径，之一是关于序列场景（图7-17），之二是场所，之三是内容。其中的"序列场景"，我们可以理解为在运动中的城镇空间景观，"内容"可以理解为可见的景观要素，而"场

图7-17　序列场景

图 7-18　领域占用

图 7-19　围合

图 7-20　焦点

所"恰恰是理解托马斯·戈登·卡伦思想的重要理论内容。

在《城镇景观》一书中，托马斯·戈登·卡伦以"这里"和"那里"为主线，展开对场所的探讨。首先，他提出构成场所的基本空间范例："占据"（possession）、"领域占用"（occupied territory）（图7-18）、"运动中的占用"（possession in movement）、"优势位置"（advantage）、"黏滞性空间"（viscosity）、"半围合"（enclaves）、"围合"（enclosure）（图7-19）、"焦点"（focal point）（图7-20），并指出"环境既能作为被占用的领域，又能服务于人们的社交与商业需求"，然后，他以建筑室内空间为原型，提出"室外房间"（the outdoor room）的概念。他认为，将建筑室内景观化的处理手法应用于"室外房间"可产生"这里"（hereness）的空间感，即人们对进入或离开"室外房间"都有所感知。之后，他进一步列举出"多重围合"（multiple enclosure）、"阻挡建筑"（block house）、"模糊空间"（insubstantial space）等能诱发"这里"之感的空间设计范例，并以"从围合空间向外望"（looking out of enclosure）作为过渡，提出指代所处场所以外的已知或未知空间的"那里"（thereness）的概念。最后，托马斯·戈登·卡伦提出场所理论的精髓——"这里与那里"。他所关注的是两者之间的"相互关系"，即已知的"这里"与已知的"那里"、已知的"这里"与未知的"那里"之间的关系。在《城镇景观》其后的内容中，托马斯·戈登·卡伦还列举了恰当处理"这里与那里"关系的空间范例。

梳理上述场所的概念，我们认为，托马斯·戈登·卡伦是基于身体的感知所提出的景观特征。他认为：关于场所，这与我们的身体对所处环境中的位置所产生的反应有关。

这一点看上去很简单，实际也是如此。它意味着，在你进入一个房间的过程中，你会对自己无声地说，"我在它的外面，我正在进入它，我在它的中间"。在这个层次的意识中，我们关注的是由于空间的开合而引起的一系列体验……由于将自己的身体与环境联系起来是人类的本能和一种习惯，因此，对位置的感受不能被忽略，它是环境设计中一个重要的因素。"我们发现，人类对自身在环境中所处的位置有一个持续的感知，他具有对场所感知的需要，而对本体的感知同时也包含了对环境中其他场所的感知"。对位置的感知反应，除了对客观环境的感知也包含对人主体本身的感知，这明显是从身体统觉的角度出发来形成的概念。所谓场所，应该看作是身体在城镇环境中所表现出来的特性，或者说，在人–环境关系中表现出来的特征。身体的空间感，有内外的区别，有位置的区别，有围合开敞的区别，等等。不仅是客观的设计对象，也对其中的感知心理给予了充分的重视，才会有归属感的这里、那里。方向感的内外，以及由此产生的路径、界面等抽象的概念。而这些概念正是当代城市设计所要考虑的人本内容。

托马斯·戈登·卡伦认为，"内容"（content）是"城市的构造层次"（与建筑类比），包括"色彩、肌理、尺度、特质、个性与唯一性"等。首先，托马斯·戈登·卡伦并没直接开始探讨"色彩、肌理、尺度"等城市的构造层次，而先从宏观层面划分不同景观类型：大都市、城镇、世外桃源、公园、工业区、耕地与荒野。他认为，维护好城市与其他景观类型的关系是形成城市合理的构造层次的前提，且不同景观类型的边界处理能"为景观带来清晰性"。为此，他列举了"毗邻"（juxtaposition）与"直接"（immediacy）这两种处理不同景观类型关系的范例。然后，他提出内容理论的关键概念——"这"（thisness），即"一种典型的，一件事物具有自身品质特点的概念"，也即事物能被人识别的独特性。他列举了"复杂"（intricacy）、"得体"（propriety）、"纠缠"（entanglement）等具有"这"的特性的空间范例。之后，托马斯·戈登·卡伦指出如果将"这"比作能代表事物特点的某种特征、风格或功能，那么"那"（that）就是环境中存在的除"这"以外的各种特征、风格或功能。最后，他提出"多用途"（multiple use）的概念，并认为"这与那是可以并存的"，而并存的核心就是恰当地处理好两者之间的关系。通过"烘托"（foils）、"关联"（relationship）、"尺度"（scale）和"树木配置"（trees incorporated）等空间范例的说明，他认为"这与那"（this and that）的并置能激发城市固有的戏剧化效果。

托马斯·戈登·卡伦在导言部分对"内容"理论做出了总结："在一个能被普遍接受的框架内（一个能产生易读性而非混乱想法的框架），我们可以采取尺度与风格、肌理与色彩、特征与个性的细微变化，将其并置以获得集体的优势。"本质上讲，内容理论是托马斯·戈登·卡伦对城市特有的复杂性与多样性的认识。他所提倡的是一种相对有序中的绝对差异性。

不仅如此，在《城镇景观》的结语中，托马斯·戈登·卡伦继续对环境维度提出建议："在此之上，我们根据实际操作的情况划分出环境中不同的维度。首先是物质世界中的长、宽、高。其次是时间的维度，第三是氛围的维度。"由此可以看出，托马斯·戈登·卡伦在对城镇景观的主观思考基础上，提出对实际操作的建议。对于视觉的运动，不仅提出视觉景观的序列，也提出浮现的序列，即是景观的心理作用。

做过插画师的托马斯·戈登·卡伦，擅长用优美的插图说明问题。这也是视觉传统在理论著作中的再现，我们选择其中的插图来进行本文说明（图7-21、图7-22）。托马斯·戈登·卡伦认为，城镇景观不能以技术方式来鉴赏，而需要美学敏感，虽然主要是视觉上的，它同时也唤起了记忆中的经验和情感反应，绝大多数的城镇都是建立在旧有建筑的基础上的，它们的框架是不同时代建筑风格的见证、"布局的意外"以及

图 7-21 《城镇景观》中插图 1

偏转（Deflection）
当一道风景结束于与轴线垂直的一个建筑物时，一个围合空间就产生了。但如果这个结束的建筑物转动了一定的角度，就像下面这张图中显示的爱丁堡（Edinburgh）的情况那样，它暗示了下一个空间的开始。那里一定存在一个现在看不到却能够感受得到的空间，朝向这个建筑。

图 7-22 《城镇景观》中插图 2

材料和比例的混合。他认为如果我们能再从头开始，我们可能会去掉这种"杂烩"风格，将一切变得"新、好、完美""我们可以创造有秩序的场景，用笔直的道路和高度、风格一致的建筑，创造对称、平衡、完美和一致"。

7.5
斯蒂恩·艾勒·拉斯姆森的建筑体验思想

　　斯蒂恩·艾勒·拉斯姆森出生于丹麦哥本哈根，于1916～1918年在丹麦皇家艺术学院学习建筑学，毕业后开始职业生涯。在作为建筑师的漫长职业生涯中，他先后参与主持了一系列项目，其中包括林斯特德市的市政厅、伦格斯特德市的一所初级学校、哥本哈根市政厅的扩建以及他自己在伦格斯特德的私人住宅。

　　拉斯姆森不仅是一位建筑师和城市规划师，也是一位学者。他于1947年成为英国皇家建筑师协会（RIBA）的会员，1962年成为美国建筑师协会（AIA）的荣誉会员。他还先后担任宾夕法尼亚大学、耶鲁大学、麻省理工学院、加州大学伯克利分校的客座教授。写于1957年的《建筑体验》，是拉斯姆森的代表作。可以说，此书开启了对现代主义建筑的反思。正如他在英文版序言中所说，现代职业建筑师在学习了关于现代建筑学的基本原理之后，却设计建造出了大量毫无特点，放之四海而皆准的房屋，反而遗失了过去工匠们所具备的对建筑的场所、材料、使用的自然感受等与体验相关的基本常识。在书中，拉斯姆森主要是从人的视觉、触觉和听觉几个方面对建筑的体验来进行说明。虽然对于建筑实例的描写构成了《建筑体验》的主体内容，整本书采用了类似于某种散文似的写法，但是，这些描写都是实例体验，作为实证来证明了他关于建筑感官体验，或者说建筑感知方面的主张。

7.5.1　建筑视觉体验

　　在建筑视觉体验的阐述中，首先他肯定了建筑几何形式的感知：对于一幢建筑而言，能反映其外部特征的作用因素就是它的几何特性。通常，我们对建筑的直接经验往往亦来源于此。在《建筑体验》的第二章中，作者就以一个德国小镇奴儿德林根的圣乔治教堂为例说明了这一点（图7-23）。斯蒂恩·艾

图 7-23　奴儿德林根小镇的圣乔治教堂

勒·拉斯姆森是这样描述这座教堂的："我们把教堂看作一种特殊的类型，像字母表中的字母一样是一个很容易识别的记号。同样，我们只要感受到一种形象——一幢带着尖塔的高房子，就知道我们看到了教堂。"从上述拉斯姆森对教堂的描述中，我们可以清晰地理解建筑的外部特征、我们对建筑的直接经验以及建筑所具备的几何特性这三者之间的关系。而这种几何特性，则构成了我们对建筑的第一个体验维度。他认为"没有其他门类的艺术采用更冷峻更抽象的形式，同时也没有其他门类的艺术与人类的日常生活——从摇篮到坟墓——保持如此密切的联系。"基于此，仅仅考虑建筑抽象的几何形式是远远不够的。因为建筑与人的日常生活紧密相关，因此，在地面视角的人对建筑的知觉就会凸显其重要性。因为毕竟在生活中我们很少能够直接体会到建筑平面或者剖面的几何形状。而能够体会到的立面，或者形体的几何形状，也不是纯粹抽象的，而是具有质感、色彩、光影等具体意义的形状。因此，他提问道"可是在我们把房屋领会成几何形状时，又是如何体验一条街道的呢？"他以德国艺术史学家布瑞克曼的图片为例说明，建筑的视觉体验，还包含了空间前后的序列体验、具体的材料感知以及氛围感知的复合感知体验。"正常情况下，我们不会把一件东西看成一张图片，除了感受到这件东西本身的印象之外，还包括我们看不到的几个方面的印象以及它周围的空间印象"。他进一步说明，建筑并不是图片，而是有空间深度的实体。用实体与洞穴（而不是空间）来说明了，建筑视觉感知的一项重要特性。

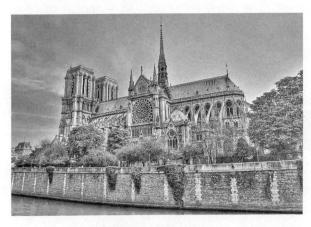

图 7-24　巴黎圣母院

图 7-25　圣彼得大教堂

为了能更加具体地说明建筑师是如何通过实体和洞穴来表现建筑的，拉斯姆森在书中对比了文艺复兴时期建筑和哥特式建筑的两种不同形式特征，并将其划分为"洞穴意念"型和"结构意念"型两大类。这两种不同的形式特征正好反映出建筑实体与空间之间所蕴藏的图底关系。按照拉斯姆森的分类方式，如果我们将哥特式教堂的尖拱、肋筋、飞扶壁、窗花格、立面雕饰等特征，如果用图7-24中的巴黎圣母院同文艺复兴时期重建的圣彼得大教堂（图7-25）的穹顶、帆拱、壁龛、巴西利卡展开比较的话，不难产生这样的判断——"结构意念"型建筑更侧重于对几何实体的塑造，而"洞穴意念"型建筑则更注重几何实体间空余部分的成形。

将距离整合进建筑的视觉体验，是艺术史中的一贯做法，在19世纪末的维也纳艺术史学派中，就已经在运用这种方式说明视觉艺术的本质。拉斯姆森的相关说明即是对近代以来建筑远距离观看的总结。他认为，建筑的视觉体验，还应该考虑视距比较远的情况。当视距比较远的时候，建筑的实体感觉就会有所变化，仅有几个特性会呈现在我们面前。他还提到了采用图形的构成关系而不是虚实关系进行创作的立体主义画派与现代建筑设计的关系。我们知道，在现代建筑中，当墙体脱离了原先所承担的结构功能后，便不再像过去那样因为需要承受结构的重量而必须建造得异常厚重。这就意味着过去的那些基于厚重墙体展开表达的美学形式在此时显得虚假而多余。在拉斯姆森看来，立体主义画派的发展成熟正好为现代主义建筑运用全新美学形式提供了一个良好的铺垫。不过，这种新的美学形式似乎在一开始并不那么便于人们理解。在评价勒·柯布西耶的早期作品时他认为："很多人在这些住宅中看不到什么，他们虽然看见了所建之物，但是却领会不了它所显露的那种清晰的形式。他们预期的建筑是有体量或洞穴的，当他们在勒·柯布西耶的设计中两者都见不到时，更因为他曾经说过住宅是住人的机器，于是他们就下结论：勒·柯布西耶的住宅毫无美学形式，只不过解决了某些技术问题而已。"也就是说，勒·柯布西耶成功地掩饰了他自己原本具备的美学才华，反而让不明真相的外人信以为真。事实上，勒·柯布西耶在其新建筑五点中所表达的，正是上述美学原则在建筑形式上的综合体现——底层架空、屋顶花园、横向长窗、自由平面、自由立面，所有这些原则在墙体承重的旧有结构体系下都是无法实现的，也不符合那些基于旧有结构体系的表达形式（图7-26）。

图 7-26 萨伏伊别墅

不仅如此，拉斯姆森还特意强调了在视觉经验中的日光与色彩，这两种要素是眼睛所能体验到的建筑特征。与几何形式不同，这两种要素是具体经验的呈现，是与日常生活紧密联系的建筑特质。为了更详细地说明光线是如何有效丰富建筑的体验效果的，拉斯姆森把光线进入建筑的方式划分成了三个基本类型：侧窗进光的空间（图7-27）、天窗进光的空间以及四面进光的敞厅。从古典时期雄伟的古罗马万神庙（图7-28）到16世纪一幢普通的荷兰住宅（图7-29），在这里，拉斯姆森毫不吝啬地褒奖了一系列的老式建筑。

图 7-27　侧窗进光的空间

图 7-28　天窗进光的万神庙

图 7-29　16世纪一幢普通荷兰住宅

　　尽管对功能主义建筑中引入光线的质量保持怀疑态度，但作者却对同样曾经追求功能主义的建筑师勒·柯布西耶后期的作品朗香教堂（图7-30）赞不绝口。实际上，这座教堂在采光设计上同样有着不少老式建筑才具有的特征：在厚重的墙体上开洞并采用间接采光。毫无疑问，朗香教堂的视觉体验效果是非常好的。而勒·柯布西耶正是通过合理的采光设计，达到了这样的效果："那里从地面到顶棚开了一条窄缝，接着又颇有匠心地安排了一块巨大的、屏风式的混凝土，显然想要以此挡住直接光。可是很遗憾，竟有那么多光线侵入，以至于完全把那些一心要专注于至圣至爱的祈祷者迷惑住了。"，如图7-31所示。实际上，勒·柯布西耶在拉斯姆森所描述的这个位置还布置了一座圣母玛利亚的雕像。可以说，特殊的采光设计配合雕像，恰如其分地烘托出了视觉体验带给人们的那种"精神互动"感。

图 7-30　朗香教堂

图 7-31　朗香教堂内部视觉体验效果

7.5.2　建筑触觉体验

　　建筑触觉体验，在拉斯姆森看来，主要是建筑表面材料的肌理所构成的建筑触觉体验。他并没有从触觉与视觉的关系入手讨论问题，而是直接论述了材料的表面肌理对建筑体验的影响。

　　触觉体验是反映这种感官意识的第一个因素。而我们对建筑的触觉体验很大程度来源于材料所表现出的质感效果。在《建筑体验》的第七章，拉斯姆森向我们介绍了北美印第安人的两种古老手工艺品——用植物纤维编织的篮子（图7-32）以及用黏土制作的陶器。拉斯姆森认为，印第安人在编织篮子时表现出了一种强调编织过程的表达倾向。篮子上植物纤维纵横交错所形成的粗糙肌理表明，这种表达倾向最终反映在了篮子的质感效果上。相对于篮子，他们的陶器工艺品则表现出了另外一种表达倾向。在制作陶器工艺品时，他们不断抹平制作过程中粘土表面上留下的手工痕迹，使得那些手工痕迹不会遗留在成品的表面，以形成一种光滑而精细的质感效果。在拉斯姆森看来，这两种不同的表达倾向同样非常类似我们在建筑中接触到的一些材料质感："我们在建筑中不断发现有类似的两种倾向：一种倾向像篮子的粗糙形式强调构造；另一种如黏土器皿的光滑表面掩饰构造。"而拉斯姆森认为赖特设计的流水别墅（图7-33）便表现出了这两种不同倾向。流

图 7-32　植物纤维编织的篮子

图 7-33　赖特设计的流水别墅 1

图 7-34　赖特设计的流水别墅 2

图 7-35　密斯设计的以钢和玻璃为主的建筑

图 7-36　阿尔瓦阿尔托设计的砖造建筑

水别墅的墙体使用了两种材质，一种是粗糙的石块，这些石块表面形成的肌理反映出了它们相互堆积成型的构造特点；另一种是光滑的水泥墙体，这些墙体的表面经过了特殊的处理，隐藏了浇铸时模板在墙体上留下的痕迹，显得更为光滑精细（图7-34）。除此以外，拉斯姆森还对比了中国传统建筑的木构大漆、欧洲古典建筑的砖石砌体以及黏土抹灰、混凝土墙体等不同材料所表现出的质感效果。实际上，这些建筑中反映出的不同质感效果都可以归类到上述两种不同的表达倾向中。进一步，他将建筑材料进行了简单的分类，包括砖、钢和玻璃，以及混凝土。用了较多的案例说明不同建筑师如何采用有特征的材料进行建筑设计。例如，密斯擅长使用钢和玻璃（图7-35）、阿尔瓦阿尔托用砖造建筑（图7-36）、勒·柯布西耶喜欢用钢筋混凝土等材料。这些材料的光滑与凹凸不平构成了建筑体验的重要组成部分。他认为，是建筑材料赋予了建筑以生气，给建筑带来了灵活的在场感觉。

不过，这些质感效果的差异虽然很容易被我们所辨识，但我们却不清楚我们是如何去感知这种差异的。对此拉斯姆森也写道："很难解释清楚为什么用科学仪器才能探测出来的质感特征上的微差却对人们产生如此强烈的效果。"如果我们想要尝试去理解我们的这种感知，就不得不提及拉斯姆森在这里引用的一位丹麦雕塑家，宙佛尔德森对三种不同材料所作的评价："黏土表示生命，石膏表示死亡，大理石表示起死回生。"在这里，雕塑家显然已经将这些材料看作了一种有机的生命体。

7.5.3　建筑听觉体验

　　拉斯姆森对建筑听觉很重视，甚至重视过触觉的体验，听觉经验引起的联想可能更丰富。他首先说明了比例尺度的来源，就如同是音乐的发明一样，古希腊的毕达哥拉斯学派将数的和谐作为追求目标。按照比例设置的琴弦，弹出的是乐音，与此类比，和谐的建筑一定是符合比例的。无论是尺度与人体的紧密关联，或者建筑构件之间的经历关联。拉斯姆森写到："希腊人发现了在视觉领域中简单的数学比例与听觉领域中的和谐之间存在着某种关系。只是道不明在音调产生时发生了什么现象，说不清它对听者的影响，那么这种关系依然是桩奥秘。但是很显然，人类具有特殊的直觉，可以领悟到物质世界中简单的数学比例。这在音乐中足以证明，而且可以认为这在视觉范围内也同样适用。"在此，拉斯姆森将听觉与视觉的关系做了类比，通过比例关系，将二者联系起来。从而为和谐的比例关系在建筑设计中的应用找到了知觉基础。他进一步论证了黄金比例的关系，并依此说明了文艺复兴时期帕拉迪奥的作品规律、欧洲的建筑实践，以及勒·柯布西耶的模度原则（图7-37）。勒·柯布西耶将黄金比例与人体尺寸结合在一起，构成了一套模度体系，来控制建筑构件的实际尺寸，从而为建筑与人体的关系建立了充分的联系。这也将尺度概念引入到了建筑中，即以熟知的尺寸，包括建筑构件（例如帕拉迪奥别墅中运用的柱式尺度）以及人体部位（包括勒·柯布西耶的身高尺寸），作为衡量实际建筑体验的依据。比例与尺度的概念紧密相连，是基

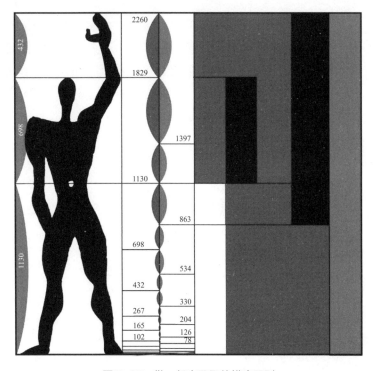

图7-37　勒·柯布西耶的模度原则

于人体知觉的尺寸关系，或者说，尺度就是建筑实际尺寸与熟知尺寸的比例关系，这种关系被人所感知，成为建筑感知的重要内涵。绝对的尺寸虽然不得而知，但是在运动中，在空间感知中，尺度贯穿始终，对建筑空间的综合体验发挥着重要的作用。其中既有功能的作用，例如，对走廊宽度、台阶高度的预判，也有精神的作用，例如，一栋建筑感知为亲切宜人，还是宏伟高大。这种尺度的概念和作用，在前述生态心理学的研究中，已经进行了更为详尽的论述说明。

图7-38 建筑立面中的韵律

拉斯姆森紧接着阐释了建筑中的韵律问题。他从建筑立面入手说明韵律（图7-38），"我深信大多数人都会注意到所有这些立面均被有韵律地划分。但是倘若你问问他们建筑中的韵律意味着什么，要他们作解释那是太难了，更别提下定义了。韵律一词是从其他一些包括时间要素在内并以运动为基础的艺术，如音乐和舞蹈那里借用的。"无论是建筑的立面，还是建筑内部空间的序列效果，都是因为音乐或者舞蹈的韵律感而来的，在这里，视觉艺术中的建筑与听觉艺术再一次被联系起来，建筑不仅仅是作为一件物体被我们所观察，同时还作为一种艺术被我们感受和认知。而这一点的直接表现就是其产生形式美的一些基本组织规律。正如拉斯姆森在书中所写道的："事实上韵律和协调几乎出现在一切建筑中，无论中世纪教堂或最现代化的钢框架建筑物都莫不如此，而这不得不归因于这门艺术的基本思想组织。"毫无疑问，拉斯姆森的这一观点帮我们厘清了韵律、协调等形式美感和组织规律之间所隐含的内在关系。

？ 思考题

1.卡米诺·西特的城市空间视觉体验主要内容是哪些？

2.卡米诺·西特对后世的影响体现在哪里？

3.勒·柯布西耶在加歇别墅设计中如何体现出的视觉秩序？

4.加歇别墅中的几何形式与视觉秩序是如何结合在一起的？

5.柯林·罗如何论述现代建筑中的形式？

6.托马斯·戈登·卡伦的城镇景观思想中，与视觉体验相关的内容有哪些？

7.斯蒂恩·艾勒·拉斯姆森的建筑体验思想对你的建筑设计有什么启发？

第**8**章

基于感知的建筑
空间表达

作为建筑师，我们不仅要理解建筑空间的感知，或者说，感知到的建筑空间本质要素，同时，我们也需要理解建筑空间的表达方式。就如同学习语言，我们不仅仅要学会听懂，还要学会能说。而二者通常并不是一致的，很多时候，我们会听不一定会说，反之亦然。通常我们需要理解建筑空间的两方面表达。一方面是建筑设计的绘画表达，建筑师通常更多采用图画语言表达自己的设计构思，或者与公众交流。而另一方面，则是建筑设计的空间表达，也就是建筑师将自己的构思想法，设计理念通过实际的建筑设计作品呈现给公众。这二者往往缺一不可。本质上，后者设计理念的建筑实践表达，是以建筑空间为媒介手段，表达设计师的理念想法，以及由此衍生而出的社会文化内涵意义。

8.1
建筑空间的绘画表达

建筑的绘画表达，是建筑的主要表达方式，其主要特征是表现媒介为二维平面。在绘画、雕塑与建筑视觉艺术三者中，绘画是距离建筑本身最远的一种表现方式。对于绘画的欣赏与理解，毕竟仅仅是视觉的一种抽象感知，令所表达的建筑缺乏了活生生的在场体验。在二维的平面媒介上表现三维空间，在某种程度上可以认为是一种视觉错觉。在不同的时代、不同的文化，在二维平面媒介上表达三维空间的方式是不同的。大家都熟知的是中西方建筑绘画在表达方式上的不同，实际上古代埃及的三维空间表达方式与古代希腊的表达方式也有所不同。图8-1中为古埃及对池塘的空间表达方式。这启发了我们对空间表现问题的探索，那就是，人们如何在二维的平面媒介上表达三维空间？这并不存在着大家不约而同，一成不变的固化方式。表现方式具有时代与社会意义，甚至是科学和审美的意义。就如同我们无法理解古埃及的空间表达方式，反之亦然，古埃及人同样也无法理解我们当下的表达方式。无论怎样的表达方式，我们应该牢记，在二维平面上表达三维空间的方式是人类理性的抽象方式，囿于图纸这一表达媒介的限制，这种方式无法还原到人在现场的真实体验。虽然如此，建立在人们对绘画语言的共同理解，以及科学制图高效准确的基础上，我们仍然大量地在采用这种方式进行对建筑空间的表达。也许有一天，借助

图8-1 古埃及对池塘的空间表达

科技的发展，我们可以采用更方便高效全真环境的虚拟现实进行对空间的表达与体验，但是，至少在现在，我们仍然需要深刻认识并擅长使用这一类表达方式。

8.1.1　线性透视表达

我们现在熟知的透视图，所要解决的问题是怎样在二维媒介上获得三维空间的深度感。这个问题必然引出一个更根本的问题，人类视觉是怎样在平面上感知三维深度的？透视原理建立在视觉金字塔之上。1811年，布鲁克·泰勒在其著作《直线透视的新原则》一书中绘制了一幅插图来解释视觉金字塔和透视的原理（图8-2），在图中，布鲁克·泰勒用很多直线来连接观者的眼睛和物体的关键点，这些连接线会聚于眼睛而形成一个金字塔。画面切割连线以后得到了一种投射而成的影像，透视其实就是这样一种投射关系而得出的三维世界在二维媒介上的投影。有些方向上，物体被缩短了或扭曲了，平面上的三维视觉深度也就产生了。

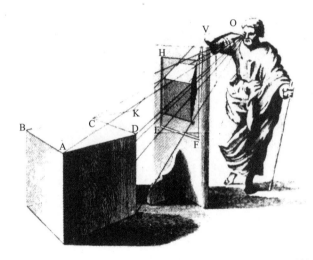

图8-2　《直线透视的新原则》中解释视觉金字塔和透视原理的插图

在这个意义上来说，纸面的透视空间首先是一种视觉的空间，它在某种程度上符合（或模仿）我们看到的场景中近大远小的规律。在西方意识形态当中，思维一直是以看的形式体现的，视觉的主导地位深深地根植于希腊的思想中。在中世纪，人们想象视线是一种类似射线的东西，视线出发于人眼漫游于三维世界当中，遇到物体则反射回人的眼睛，人眼就得到了影像。这种视觉观现在看上去很难被我们接受，它将"看"理解成一种主动的行为，而不是被动地接受。直到文艺复兴，这种对于"看"的认识仍然具有一定的市场。阿尔伯蒂曾经也认同中世纪的视觉观，对于他来说，光线是在眼球和物体之间延伸并迅速地移动的，它力量巨大却又无比细微，穿透了透明的物体，直至遇到了致密的物体而迅速黏结。在这些中世纪视觉观当中，眼睛在"看"的过程中也扮演了一个发生器的角色，而不仅仅是接收器。

随着光学和哲学的发展，视觉观也在不断演进，其中最具影响力的是笛卡尔对视觉的解释。笛卡尔曾经运用小孔成像的原理来解释我们的眼睛和"看"这种行为。笛卡尔重复了第1章中介绍过的雪雷的牛眼实验，并依此进一步解释了视觉的光学原理。笛卡尔认为：既然从牛的眼睛能够看出去并得到影像，那么我们自然就应该相信对于一个活的人来说，他的眼睛也是这样工作的。在这个实验当中，笛卡尔无意之中将眼睛当作了一种类似镜头的不具备生命的光学仪器。通过这个实验，笛卡尔为视觉和小孔成像原理建立了联系。他在《屈光学》一书中进一步解释了这个原理：视网膜成像和小孔成像是同样的，当一个黑箱子被全部封闭，只有一个小孔可以漏光的时候，这个黑箱子就是眼睛，瞳孔就是镜头，投影屏幕就是我们的视网膜，视网膜中集中了大量的神经，神经将视网膜和大脑连接起来。经过牛眼试验，笛卡尔认为这种解释方式十分贴切地解释了视觉。

在文艺复兴时期的艺术家眼中，宇宙是有秩序的，这种秩序是可以被理性解释的，而几何学就是这样一种秩序。几何学下的世界是稳定不变的，如果了解了通行的数学原则，世界是可以被操控的。透视学暗示了空间是绝对的、匀质的、固定的、不受外界影响。在文艺复兴艺术家眼中，几何学带有某种真理的色彩，整个自然界是一个巨大的几何系统，透视学建立在视觉观察和几何的基础上。通过运用透视来描绘世界，我们将一个感知的空间缩减为几何空间。实际上，这种透视的科学基础是牛顿的几何光学，将眼睛看作是一组凸透镜，光学原理如同凸透镜成像一样。现在看来，这种构成在生理上，没有考虑眼睛中视神经（并没有大脑参与的）对影像的直接加工，在心理上，也没有考虑视觉的心理作用。

线性透视的空间并不是我们所直接感知的空间，而是一个经过理性建构的空间。这种建构的现实往往被我们认为是理所应当的，根据我们的直觉，这种现实不一定正确也不一定谬误，但是却有助于我们建立一种秩序。透视给文艺复兴的艺术家和思考者提供了某种原则，通过这个原则，我们可以理解和描画一个单一的统一的空间。阿尔伯蒂对透视的解释就是对这种需求的回应。

维特鲁威在《建筑十书》中提到了建筑师需要掌握的三种绘图方法：平面、立面和透视。我们无法得知古罗马建筑师是否大量运用这三种绘图法，但这三种图在当今建筑设计实践中无疑占据着重要地位。按照维特鲁威的说法，对于平面的掌握还包括使用罗盘和标尺，根据平面图并结合这些工具，建筑师可以实现场地布局和建筑平面的设计。立面是建筑的外部形象，表现了建筑建成以后的外观。关于第三种绘图法的"透视"，历史学家们却有不同的认识，一种说法是维特鲁威指的是剖透视，用这种绘图来再现建筑室内空间；另外一种说法是维特鲁威指的是建筑外观的一点透视，这种透视法主要适用于舞台布景的绘制。通过一点透视法，画家可以在二维的背景上绘制具有深度的空间：建筑、城市和自然景观，以此作为戏剧情节发生发展的场景，维特鲁威提出的透视应当是舞台透视。

在文艺复兴时期的佛罗伦萨，伯鲁乃列斯基发明了科学透视法。证明这个方法的实验装置用到了两块板，第一块板上是一幅佛罗伦萨洗礼堂的透视图（当时是圣乔瓦尼教堂），透视的视点位于教堂广场对面后来建成的佛罗伦萨大教堂入口内5ft的地方。在第一块板上伯鲁乃列斯基绘制了一幅佛罗伦萨洗礼堂，在板的中间有一个洞，在画的一边，小孔小如针眼，在背面逐渐放大。另一块板是一个镜子，当观者把眼睛放在小孔后，望过去，再将镜子放在对面，观者就可以从镜子中看到画面的反射，所看到的洗礼堂就和真实的一样。这就是文艺复兴时期，科学透视法的发明过程。这就是文艺复兴时期，科学透视法的发明过程。虽然在平面上，利用透视缩短表达空间深度在古希腊时期就已经出现，但是直到文艺复兴时期，才在此基础上，利用数学几何原理形成了科学透视法。这种透视法则一经出现，就作为最接近人的单眼视觉图像的表达方式，在绘画与建筑表现中获得了巨大的生命力。至今仍然被广泛运用在建筑设计实践的方方面面。

随着时代的发展，人们逐渐开始反思线性透视法，因为在线性透视空间当中，视觉以外的信息都被排除在外了。欧文·帕诺夫斯基认为："在某种程度上来说，透视将生理和心理空间转化成了一种数学空间，它否认前后左右的区别，否认身体和交互空间的区别，将中世纪空间认识中的那种个体空间及空间内包含的内容吸纳入了一个单纯的连续体。它认为我们是只有静止的单眼动物，而不考虑生理上和心理上我们是怎样建立视觉影响的，它以一种机械论的角度去解释视网膜成像，把我们的眼睛当作一种机械装置。"虽然在透视法出现之初，光学被建立在眼睛发射的射线基础上，也给这种透视法则赋予了人眼的科学功能。但是在当前的科学条件下，对光学、人眼的认知早已完全超越了文艺复兴时期的水平，我们也要对科学透视法进行一定程度的反思。首先，科学的透视法表现的是单眼视觉，也就是说，在绘制透视图的时候，考虑的是一只眼睛的情况。透视法绘制的空间深度与立体感觉，是一种假的深度与感觉，与我们在当代立体绘画，或者立体电影中所看到的立体视觉有着很大的区别。这在一定程度上限制了我们对建筑空间感的理解，或者说无法真实地体现出建筑空间的立体感觉。其次，科学透视法表现的是静态视觉。而人在建筑中的行为，几乎很少在一点静止不动，眼睛也不动，身体也不动。所以，科学透视表现的仍然是抽象的空间。即使我们站在原地，眼球与头部的运动也会帮助我们理解建筑空间的深度。同时，我们对建筑空间的理解并不是静止的，而是存在于一系列的空间序列之中，对一处空间的理解，不可避免地会受到对前后左右空间印象的影响。实际条件下的空间体验可能比透视图上的更大或更小、更美或更丑。空间体验更像是在意识流中的一个断面，而呈现这个断面的主体还会受到当时当地的历史文化、情绪情感的影响。从这个角度出发，电影的表现形式与建筑空间的体验感受似乎更加贴近。再次，科学透视没有考虑视觉的主体作用。如前文所述，眼睛并不是机器，而是复杂的神经系统，具有大脑思考的部分功能。在接受光学刺激的同时，就已经在筛选、过滤、组织视觉印象了，而不是简单的信号转移，这在视神经的功能中已经得到了证实。眼睛视野范围有视域，视网膜神经有最敏感的黄斑中心凹。视觉印象并不是全部清晰的平面图像，而是重点突出，局部清晰的动态影像。因此，在当代科学背景下，我们应该知晓科学透视的局限性。

8.1.2 轴测图纸表达

  和意大利文艺复兴时期的艺术相比，现代艺术在不断试图摆脱所谓的"现实主义"态度。传统的现实总是带有某种社会性和文化性，而现代艺术的使命在于通过脱离这种现实而脱离原有文化和社会的束缚，尽可能准确和客观地表现世界（如果这种准确和客观在事实上是可能的话），如同莫里斯·梅洛-庞蒂所说："艺术是一种发掘真理的行为"。塞尚被莫里斯·梅洛-庞蒂认为是这样一位勇于探索真理的艺术家，和印象派画家追求一瞬即逝的光影与色泽不同，塞尚在追求世界恒久不变的那一面。在他的画中，他经常会将风景和静物抽象为结实的几何体感，坚持用圆柱体、圆球体、圆锥体等基本几何体形来表现自然，而忽略其他信息。塞尚晚期作品《圣维克多山》中，自然景观被简化成各种抽象的色块，相互拼接和组合，三维空间深度也不像透视图那样强烈。整个画作注重描述自然景观的几何属性，这些特征在某种程度上影响了后世艺术家。在20世纪初期，立体主义艺术家们如毕加索和布拉克，一起延续了塞尚的抽象理论，完全摒弃了透视中视点对空间描述的束缚，而去追寻一种新的空间。

  在建筑学当中，现代主义建筑先驱们借助于轴测图去探索空间的抽象属性。在建筑实践中，詹姆斯·斯特林是一位善用轴测图的建筑师。对于詹姆斯·斯特林这样的实践建筑师来说，轴测图恰当地揭示了一个设计的空间和体量的组合，给我们提供了对建筑的准确理解。在詹姆斯·斯特林和麦克·威尔夫德的事务所中，轴测图被大量运用来推敲建筑的整体体量直到细节，例如建筑的角部或者雨篷的某个细部。在图8-3中，詹姆斯·斯特林采取了低视角，或者说虫视图，这是一个正常情况下人类无法感知的视角，只是一个存在于概念中的视角。在这张图中，这个建筑在底层位置被切开，和地面脱离，飘浮在空中，我们可以看到底层钢筋混凝土框架和上部体量的关系，这个视角显然是为了表明这种关系而经深思熟虑后采用的。轴测图所提供的独立于视点而存在的空间摆脱了透视图中的视觉模仿，而为空间构筑提供了极大的自由和可能性。

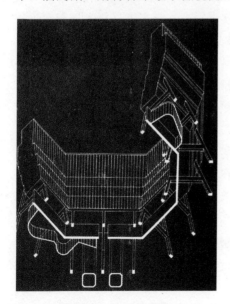

图8-3　低视角轴测图

  轴测图的空间建构逻辑是怎样的呢？首先，轴测图中保留了某些在透视图中丧失了的信息，例如被描述事物的绝对尺度。在透视当中，我们很少去丈量尺度，因为事物在我们的视野中被扭曲和缩短了。而在轴测图中，我们却可以得到物体准确的尺度，而且这些尺度不会因为视点的改变而变形，它们已经脱离视点的约束，放弃了和视点的相对关系而保持了空间的自主独立性。

另外，轴测图也经常用来表现建筑物的内部结构逻辑，例如史蒂文·霍尔在纳尔逊-阿特金斯美术馆竞赛中采用的分解轴测图（图8-4）。分解轴测图将建筑的各个组成部分分解开来摆放在同一张图中，以表明各个部分的对应关系和逻辑。同样，这类图剖析的是空间的抽象思维逻辑，而不是任何感官的体验。

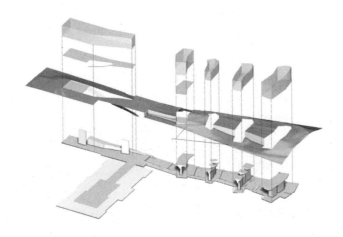

图 8-4　史蒂文·霍尔的分解轴测图

至此，空间意识已经让步于一种逻辑的分析，也离我们的体验越来越远了，图解所关注的是空间的秩序。20世纪60年代，克里斯托弗·亚历山大就指出图解是一种可以产生计算模型的视觉媒介。当空间被图解所分解以后，空间的进一步抽象化所导致的是和体验的分离。这种将空间进行抽象分析的倾向和立体主义艺术有所关联，除了轴测空间之外，还有另外一种相反的倾向，即拼贴空间。和轴测空间的抽象品质截然不同，拼贴空间的特点在于，将体验的多样性还原到空间中去。

8.1.3　拼贴式的表达

1907年立体主义的诞生标志着艺术家们打破了透视表现的长期传统，在表现周围世界的思维方式以及他们对空间的理解上发生了根本性的转变。道格拉斯·库珀认为"1425年至1450年间，欧洲各地的艺术家……抛弃了中世纪通过经验概念表现现实的方式，开始依赖视觉感知、一点透视和自然光。"这种概念框架持续了450多年，直到立体派的先驱巴勃罗·毕加索和乔治·布拉克提出了再现思维的转变。

分析立体主义始于1907年，当时巴勃罗·毕加索和乔治·布拉克在巴黎合作，通过对日常物品的空间和材料特征的分析，发展出了一种新的表现形式。1911年，随着形式的进一步简化和扁平化，分析立体主义迅速演变为综合立体主义。尽管立体派拒绝了文艺复兴时期的表现体系，但他们的作品仍然被认为是现实主义的，因为他们的绘画和拼贴画通过多视角呈现了可识别的物体。尽管这些对象表现具有碎片化和抽象化的特征，但它们也保持了易读性。这样做的目的是捕捉主题更深层次的、定性的特征。一个单一的图像揭示了感知现象的同时性，仿佛再现的主体是静止的，而观看者是运动的。

立体主义艺术家的探索帮助我们将被描述的空间和视点脱离，将运动带回到了空间意识，为新的空间性的产生奠定了基础。在他们的努力中，我们可以看到另外一种倾向——将体验的多样性还原到空间当中，以形成一种新的空间认识：拼贴空间。严格意义而言，"拼贴"是一种技法和风格，同时也是一种观念和美学。几十年后，拼贴已经被拓展为当代主要艺术风格之一，其技法和材料都有所发展，然而其观念和在美学上的影响则更加深远了。1967年出版的《拼贴》一书中指出：拼贴这种观念一旦萌芽和植入，会给我们这个时代的艺术带来最令人惊诧的突破。拼贴给艺术家带来了一种不同于传统绘画的自我认识。在拼贴过程中，不是所有的制作都是事先思考和策划过的，创造性产生于潜意识和偶然性。在随意剪切和粘贴的同时，艺术家的构思随着材料形状、质感和大小不断变化。拼贴是即时和自发的，自我意识退后，潜意识被突现。一个拼贴就是一次实验。

拼贴、立体主义和抽象主义彻底颠覆了传统绘画的原则。消解的不仅仅是透视、时间空间，还有我们头脑中的"现实"。早期西方艺术观念中"现实"（reality）与"再现"（representation）和"物质性"（materiality）与"非物质性"（immateriality）命题被拼贴艺术家重新诠释。他们意识到那些写实主义绘画无论多么逼真，从现实物质性角度来看，它们最终仍然只是画布和颜料，其他一切都是幻觉和再现。而毕加索在他的作品中却试图挑战这两者之间的界限。当面对一瓶酒的时候，我们清晰地辨别出瓶子和里面的液体是真实的物质，而瓶子上的标签实际上是一种阐明物质属性的注脚和符号（例如酒的名字、年代和产地）。在《瓶子和苏士酒》这幅拼贴中，两者的关系颠倒了，酒瓶是由若干材料拼贴成的二维再现，而标签却是真实的（图8-5）。从这个意义上来说，毕加索明确了所谓的"现实的物质世界"是建立在解释和认知上的，而抽象的再现也具有某种程度上的"物质具体性"，两者的界限并不明晰。他拓展了对于现实性的认识，并且将艺术解放出来，使它不再是狭隘的"现实"的奴隶。20世纪20年代，超现实主义进一步推进了这种对"现实"的质疑，传统的单一现实被打破。一幅作品中可以并置几个毫无联系的现实，创造出一种令人不安的非现实，或者说超现实。

图8-5 毕加索的《瓶子和苏士酒》

20世纪，西格弗里德·吉迪恩将空间概念

作为建筑的核心问题提出，并且提到立体派绘画为空间构筑带来的变革。他认为，立体主义，尤其是在拼贴和蒙太奇中，标志着艺术家和建筑师构思空间方式的一个转折点——既植根于物理现实，又表现出事物的不断变化，作品具有多种解释的可能。这些同时性和透明性是20世纪20年代欧洲现代运动建筑项目的核心。他认为透视表现了我们视觉所见，而不能反映事物自身的形体以及形体之间的关系。与透视不同，我们可以简单地将拼贴的空间构筑特点罗列如下：空间不是静止的，而是运动的，时间性是空间构筑不可分割的一部分；空间不是单一视点的，多个瞬间形成的时空序列被重新构筑；空间不是光滑匀质的延续体，而是非匀质的碎片组合；通过分离和打碎获得碎片，再将碎片按照新的逻辑组合和并置获得新的秩序和意义；图像没有固定不变的含义，需要在新与旧的两种语境下比较阅读；现实世界被高度浓缩；极大地挑战了图像超越言语之外的叙事能力；在拼贴空间中，印象、记忆、思维和想象相互层叠。拼贴空间是体验的空间，这点和轴测空间截然不同。

德国现象主义哲学家马丁·海德格尔的理论认为空间感知与空间和时间的碎片及其相互关系有关。马丁·海德格尔断言，我们在其他事物的背景下，而不是作为完全独立的对象来理解事物。意识到这些相互关系，建筑作品中的弱格式塔允许多种解读和操作，这种过程揭示了新的关系，很像立体主义的拼贴画。

立体主义拼贴不但平行于当代哲学思想，而且启发了对空间性新的认识和空间构筑的新可能性，在建筑学领域则引发了对于视觉媒介、空间性和空间叙事方面的探索。在此，我们可以就以下几个问题进行拓展。

首先，拼贴美学反对一种非时间性的空间构筑。时间不是一个过程，也不是一个能够记录下来的序列。它存在于我们和事物的联系当中，我们的意识随时间展开。伯纳德·屈米认为将空间与事件结合也可以看作是对于非时间性的空间构筑的反思。他指出：建筑空间无法和事件相脱离，事件是由空间、行为和运动叠合而成。建筑学话语当中长久被青睐的概念，例如形式和功能，都是静态的，应该被动态的概念取代，例如发生在建筑内外的行为、身体的运动。这些概念体现了建筑社会性上的意义。

其次，拼贴作为空间构筑强调了材料具体性、空间构筑的直接性和本体的自省性。拼贴艺术家强调作品的可能性和意义从作品操作过程中产生，而非事先构想好的。建筑师们往往停留于绘图和写作，很少有建筑师直接参与建造活动本身。这使得设计过程变得非直接，隔阂于建造。文艺复兴时期，绘图使建筑设计脱离于手工劳作，而变成艺术化脑力创造，同时也使建筑师脱离于无名工匠，而成为了艺术家，然而这种脱离自然也导致了设计作为一种抽象思维活动和活生生的体验之间的隔阂。对于空间的最直接的理解来自于对尺度、材料和构造的直接操作，误差、机会、不确定性和不可完全预见性都是空间构筑的一部分。

第三，拼贴美学鼓励多样化"异质"的并存，无论是空间形态、文化还是美学上的。布洛克曼将拼贴和后现代主义知识系统联系在了一起。他提出：拼贴，将来自不同世界的材料重新纳入一个新的组合当中，所以我们要对其中的每个要素进行双重解读。这种双重解读揭示了后现代无法简化的异质性，或者说非匀质性（heterogeneity）。这些元素相互不同，但相互统一。拼贴拒绝传统意义上对这个世界的认知，而展现了一种新的真理和体验，这将是拼贴给我们最大的启示。对布洛克曼来说，后现代就是一个拼贴。这种认识有助于我们理解当代城市的空间特性。柯林·罗和弗瑞德·科特则认为现代主义的功能性城市已经被"拼贴城市"所取代。后现代主义视城市为一系列的叙事和集体记忆的重叠。在一个城市当中，异质性可以存在于空间维度中，不同的空间形态相互重叠和混杂；同时它也可以存在于时间维度中，互联网、新闻媒体和整个世界的时间同步性与历史遗迹和集体记忆时间的稳定性相互共存。除此之外，当代城市还是拆与建、不同文化、信仰和价值观的并置。伯纳德·屈米在《事件城市》一文中提到，建筑需要某种灵活的重新组合的潜能，根据事件的需要实现新的"异托邦"，而这种异托邦是我们城市今天所需要的。多种因素的平等、异质混杂是最好的选择，他提到："所有门类的个别混合、经常的替换以及各个种类之间的互混是我们时代的新方向，建筑既是概念的又是体验的，既是空间的又是使用的，既是结构的又是表面形象的。"

因此，采用拼贴手法进行建筑空间的绘画表达，已经逐渐成为建筑绘画表现方式的主流。

8.2
建筑空间的在场表达

基于以上对建筑空间的二维绘画方式表达的说明，我们可以发现，在不同时期，不同社会文化背景下的空间绘画表达方式，也影响了建筑空间实践的表现方式。因为，建筑毕竟首先是在纸面，或者首先是在头脑中以图画方式呈现的，然后才建造成为一个实践作品。既然建筑师不可避免地受到当时当地的空间绘画表达方式影响，从而在头脑中构思三维的空间形象，同时，在建造过程中，建筑师也需要以图示语言与多人沟通，那么，这些首先呈现在建筑师头脑中的二维以及准三维空间深度形象，就决定了后续才建成的实践的空间形象。也即是说，图像形象的表达方式对实际建成的建筑空间有着重要的影响。在古典时期，建立在局部透视缩短或者平面正投影的情况下的建筑空间表达，决定了建筑具有正面性。古希腊的建筑实体性异常明显，按照早期维也纳学派艺术史的观点，古希腊的建筑没有空间或者空间较少起到作用，深度体现在了实体的立体感所形成的体块转折上。古希腊建筑对视觉因素很重视，神庙建筑往往具有四个完整的立面。人群在建筑构成的室外环境中活动，可以体验到古希腊的设计师对动态视觉视线的良好组织，这在雅典卫城的单体神庙建筑以及群体建筑组合规律中可以阅读出来。古罗马建筑的空间性，在万神庙的内部空间中得到了具体的表现，不仅是完整的内部空间形态，围合空间的墙面上内凹的神龛，以及墙面的浮雕，都在实体要素中渗透了空间处理，体现了新的空间性。尤其是此时期的建筑正面特别重要，即使是在城市中的神庙，往往也只具有最多三个立面，这也是当时的透视概念——某种舞台布景的一点透视的具体体现。

文艺复兴时期，科学透视法的发明使得建筑设计更加符合数学几何的逻辑，比例和尺度成为建筑审美的重点内容。视觉的深度，空间的层次体现在了轴线的纵深，或者相互的序列关系中。空间秩序呈现与透视法配合的效果，符合透视法则的建筑，严谨而对称，城市空间也是如此。空间秩序呈现出与透视遮挡、深度缩短相关联、近大远小的合理配置等做法。甚至在建筑中直接利用透视原理，实现建筑空间的某种错觉。例如，米开朗基罗设计的卡比多广场，就将广场平面形状设计成梯形，以求得更加深远的空间感受（图8-6）。伯鲁乃列斯基在圣灵教堂建筑设计中，主动运用了一点透视的原理，在教堂轴线上看过去，室内的所有透视线都汇聚在祭坛的中心处，使空间中的透视纵深感尤为强烈，强调出了教堂的神圣感（图8-7）。

图8-6　卡比多广场　　　　　　　　图8-7　一点透视的圣灵教堂

在当代建筑中，对透视法的突破，让建筑呈现出一种与众不同的空间深度感，多元化的表达成为主流。拼贴法即是其中的主流表达方式，也成为了实际建筑空间呈现的主流方式，越来越多的当代建筑师在其设计最终实现的建筑空间秩序中呈现出拼贴的美学特征。在当代建筑空间的组织中，很多建筑师会通过动态要素的整合来实现自己在异质性冲突中求得和谐的设计预期。包括雷姆·库哈斯、盖里、西扎等人的建筑作品，都存在着这种冲突与和谐的某种动态平衡。

需要说明的是，这种建筑空间的实践表达，并不是传统意义或自然思维条件下的建筑空间表达方式，它不仅仅意味着简单抽象的几何关系，还突出强调了人在空间与实体中的现场体验。这种感知体验赋予了具备几何关系的建筑实体空间两方面的特性，一方面既具有建筑的物质性——材料的色彩质感等属性，另一方面也具有其精神性——包括身体空间、空间氛围、场所精神等与建筑的精神性相关联的属性，是一种活生生的具体在场体验。这就意味着，即使在图画表达中几何关系简单的一个立方体建筑，在其真正施工完毕建成之后的实践体验中，也是有材料、有色彩、有前后关联视域、有内外空间呈现、有基地与环境的表达，或者说建筑的诉说的。这种空间呈现的内涵极其丰富，当然，其中最重要的内涵仍然是空间的深度。

？ 思考题

1. 建筑设计的表达方式有哪些?

2. 透视图的表现原理是什么? 这种空间的表达方式具有什么意义?

3. 为什么要对线性透视的空间表现方式进行突破?

4. 拼贴表达方式出现和发展的背景是什么?

5. 如何在建筑空间设计的图面表达中运用拼贴方式?

6. 如何在建筑设计实践中运用拼贴的方法?

第**9**章

注重感知的建筑
设计实践

基于视觉等人体知觉的设计理念，可以将其归于人本主义的设计理念中，在前面的说明中，我们可以感觉到这是建筑历史发展过程中一脉相承的设计思想。历史上的巴洛克风格、手法主义、城市美化运动等建筑与城市设计理念，都是在不同历史时间段，基于建筑与城市空间的视觉审美要求产生的设计理念。当时代发展到今天，仅仅从视觉感知出发，为了满足视觉愉悦的建筑与城市设计并不能符合人们不断变化的审美要求以及对建筑和城市所赋予的社会期待。人们对建筑与城市设计中的视觉元素的重视、理解与运用已经不再是就艺术论艺术，就视觉论视觉，而是朝向两个方向发展。一个方向从美术史研究的瓦尔堡学派延续而来，将视觉艺术的研究导向视觉文化的研究，赋予视觉艺术，或者说视觉艺术作品以意义、联想、历史等文化内涵，从而使视觉艺术作品具有了社会意义。这进一步意味着，视觉艺术并不是为了少数社会精英为代表的某些特定人群服务，而是具有广泛人性，具有更加宏大的社会意义的艺术。因此，此发展方向强调艺术的公共性，强调普通人在这种公共性中所获得的满足与愉悦。这种观点推动了当代的建筑和城市设计与巴洛克等思想区别开来，促使当代建筑作品更加面向公众、面向社会。重视地方文化、重视民俗文化、重视日常生活成为了实际上的主要趋势。

另外一个方向以认知科学的新发展为基础，强调对人体视觉的新认知，表达新的人体感知规律。将视觉整合进人的身体统觉，而不仅仅从上帝视角的、抽象的、静态的、想当然的视线变化入手，将视觉落入到人的地面视角，落入到具体的视觉经验，落入到身体的统觉，突破了线性透视带来的局限。不仅仅是大脑的反思，身体的能动性也积极参与到了空间感知的过程中。这两方面的发展方向，无论是在设计方案的图面绘画表达上，还是在建筑空间实体的实践表达上，都使得当代建筑呈现出了与以往不同的新面貌。虽然在现代建筑初期，在勒·柯布西耶、密斯、格罗皮乌斯等人的推动下，建筑与城市设计对视觉等感知要素的思考已经有了巨大的进步，但是在当代建筑师的积极努力下，建筑与城市空间再次具有了崭新的面貌。总之，从以上两点，对人体感知的新认识上，我们可以对建筑设计有新的思考。以下通过几位当代著名建筑师的作品说明建筑实践对人体感知的新表达。

9.1
雷姆·库哈斯的动态空间

雷姆·库哈斯的思想与建筑设计作品常常呈现出多样化的面貌，在一些建筑作品中，体现了他对城市空间以及电影蒙太奇艺术的研究，注重视觉对建筑空间感知的影响，在建筑内部设计不同感觉的流线，并依此组织空间，营造动态的视觉空间效果，使建筑作品呈现与众不同的特征。

9.1.1 康索美术馆

鹿特丹康索美术馆基地由于其特殊的地理位置，在设计的时候便被看作是一个两条道路交叉口上的广场。康索美术馆南面毗邻一条建造在堤坝上的高速公路——马斯大道（Maas boulevard），北面则是博物馆公园。两条交叉道路，一条是东西向的与马斯大道平行的原区域内公路，另一条是南北向的连接公园与马斯大道的步行通道。建筑不可避免地被两条道路分成了4块，然而雷姆·库哈斯通过在不同平面上对交通的处理，巧妙且有机地将道路纳入了建筑的设计之中，甚至成为了建筑不可缺少的组成部分（图9-1）。

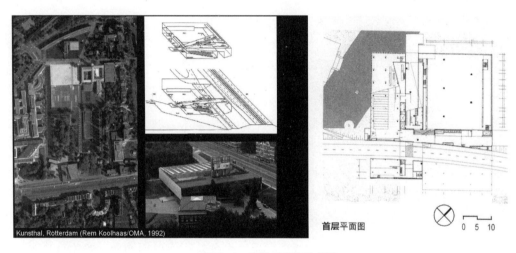

Kunsthal, Rotterdam (Rem Koolhaas/OMA, 1992)

首层平面图

0 5 10

图9-1　鹿特丹康索美术馆

在这坡道上从东面的入口进入会有一条相同倾斜方向的内部坡道，往上走通往面向堤坝的第二展厅，往下走通往面向公园的第一展厅；从西面的入口进入，可以来到与步行通道倾斜方向相反的阶梯演讲厅，沿此坡道往上走转弯可到第二展厅，往下走经过一个门厅可到达第一展厅。这三个空间在不同位置和平面，通过两条不同倾斜方向的坡道连成一个头尾相接的螺旋形连续空间，游客从其中的一处出发，可以经由这条顺畅的流线毫无交叉地参观完所有房间，并且最终返回出发地点。在这环绕行走的过程中，由于几个房间的主要朝向不同——第一展厅朝向北面公园，演讲厅朝向西面，第二展厅朝向南面高速路和东面——因此窗外景观随着游客的移动会不断变换，形成一种生动有趣的行走体验。由南北步行通道开始，建筑内活跃的步行路线也成为了城市街道在建筑内的意象延伸（图9-2）。

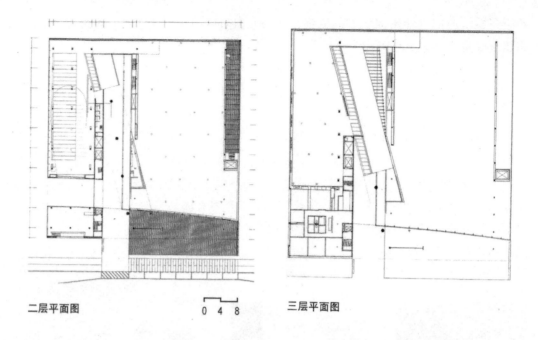

二层平面图　　　　　　　　0　4　8　　三层平面图

图 9-2　鹿特丹康索美术馆二、三层平面图

雷姆·库哈斯在建筑空间的组织中，整合了电影蒙太奇的手法，带给了我们一系列丰富的视觉运动体验。在空间序列的方向性方面，美术馆的方向性并不像传统建筑或者现代建筑一样，具备一贯的连续性。比如我们截取一个镜头：从主入口进入来到报告厅最高处的平台，这时我们同时会遇到两个选择：或者踏步上行到屋顶平台；或者沿报告厅倾斜的方向而下，在最前端左转到第一展厅（图 9-3）。雷姆·库哈斯似乎并没有暗示空间的主导方向，不同的运动方向同时并存，没有等级差别。雷姆·库哈斯力图建立的不是一种动力关系，而是一种游移关系，不是根据视觉的级差安排不同的方向，而是将所有的方向同时呈现出来，在每一个方向上的运动都是完整和独立的，

图 9-3　沿康索美术馆报告厅倾斜方向而下

它们是根据内部机能组织的需要而设置。另外，在建筑内部流线的回路方面，美术馆流线展开的方式也比较复杂，并且表现出不同的特质。首先，流线没有最优性，也不存在主次流线之分；其次，流线不是线性的，而是在空间中交错并置的，运动方向的选择带有很大的随机性，所以也不存在必然性的流线。同样的起点和终点，我们可以选择两条流线。在美术馆的空间中发生的运动并不是仅仅由空间结构决定的，多条流线的共存、并置、交叠，构成了立体的流线网络。

9.1.2 玛吉的加特纳瓦尔医疗康复中心

玛吉的加特纳瓦尔医疗康复中心位于苏格兰的格拉斯哥市，在玛吉的加特纳瓦尔康复中心的设计中，雷姆·库哈斯以尽量减少交通面积为原则将各部分使用功能串联，通过坡道消化内部地形高差，他用一个单层的连锁环平面替代了传统医疗建筑的多层模式，使整个建筑犹如庇护所一般隐藏于优美的自然景观之中，既内敛又开放（图9-4）。雷姆·库哈斯从人的行走活动出发，思考该建筑空间对患者的心理治疗作用，用设计来诠释"康复"这个主题。

图9-4　隐藏于优美的自然景观中的康复中心

环境营造：玛吉的加特纳瓦尔康复中心拥有两个环境景观，一个是围合的私密庭院，一个是周边的公共绿地。嵌入其中的这个环状平面看似轻松随意，其实不然。雷姆·库哈斯邀请莉莉·詹克斯进行内部庭院设计，并以之为中心轴，将各功能房间围绕其进行串联，这些房间高低不一，或半封闭或全开敞，每个房间内均设有一扇连通内部庭院的巨大玻璃门窗（图9-5），让使用者能够随意选择内外两个景观。在玛吉的加特纳瓦尔康复中心内行走，户外的自然环境和设计后的中心庭院不断互相变幻，空间在这里"移动"并产生"对话"，这就是建筑师从人的"运动"出发思考"漫步空间"所获得的一种轻松、舒适、自

图9-5　连通内部庭院的巨大玻璃门窗

然的内部氛围。

功能布置：雷姆·库哈斯用片段和偏转的手法布置功能房间。餐厅、厨房、办公室、多功能厅和辅导咨询室的半连续空间，组合设计取代了封闭的单一连续空间，各房间既相对独立又能互相流通，削弱了传统内廊式医疗建筑带给患者的冰冷感。与此同时，这些房间对流动路径形成一定的"干扰"。在丰富行进节奏的同时也促进了人们行走时的交流互动，让患者既享有独处空间又能彼此沟通，减少患病后的心理恐惧。

材质处理：建筑师紧扣"整体"这一要素，用一长一短的L形墙（图9-6）按匀质的环状组织在一起。避免行走时空间的突变，木格栅吊顶的拼贴与墙方向一致，使整个内部空间呈现出音乐节奏般的定向流动（图9-7）。外立面暖色系的胶合板与室内走廊的木材共同营造出温馨放松的氛围，单独的心理辅导室则选用弯曲的木板和天光照明，通过这些材质及细部的处理雷姆·库哈斯确保了行走时空间的统一，让人们在漫游时能360°充分感知整个场所且安全可控，更好地帮助患者走出疾病带来的心理阴影，用建筑漫步的方式协助了康复中心对病患的治疗。

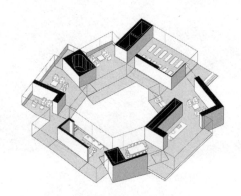
图9-6 康复中心的L形墙设计

图9-7 呈现出音乐节奏般定向流动感的内部空间

9.1.3 柏林荷兰大使馆

荷兰大使馆被雷姆·库哈斯分成两部分，一个独立的立方体作为办公楼，另一个L形围墙状的建筑为大使馆人员的住宅，作为旧建筑街道界面的延续，并且补全了旧建筑的街区体块。两个建筑间形成一个L形庭院，办公楼通过同一垂直方向上的四座天桥与住宅楼进行联系（图9-8）。

荷兰大使馆对柏林城市空间的延续不只是体现在形态上，重点更在于大使馆办公楼独具魅力的内部空间。一条200米长的建筑"街道"在办公楼这个小"城市"内迂回曲折，从楼底一直延伸到楼顶，从门厅到图书馆，再到会议室，再经过许多办公室，直至健身房，最后到达顶层的餐厅，参观者只要漫步在这条通道上便能在不经意间参观完整个建筑。整个办公楼的功能房间都有序地排列在通道的一边或两边，而且由于通道的穿插以及错层的出现，每个楼层的平面都不尽相同，这里的楼层房间也因此更像是街道上一座座形态各异功能不同的建筑，只是通过街道产生联系。这条通道在楼内不断转折，产生许多丰富的拐角空间和休息平台，是办公楼内重要的交流活动空间，处于不同办公室的人都可以走出房间，来到这条打破楼层隔断性的通道上，与其他办公室的人进行更多交流，这跟人们走出房屋来到街道和广场上与他人交流的感觉是一样的。

处于建筑外围的通道形成了建筑立面上最具开放性的部分，甚至有部分通道出挑到立方体外部。通道一方面与室内房间保持一种实墙的隔离，另一方面对外部空间开放，象征着街道与房屋的隔离和街道与街道之间的空间联系。在办公楼内的一段通道，两边是封闭的空间，然而向前向上望去，透过窗口和住宅楼的一个开口，

图9-8　柏林荷兰大使馆

可以意外地看到远处的柏林电视塔。通道在立面上切割出来的断面成为了建筑立面上最活跃的景观。

9.1.4　伊利诺伊理工学院麦考密克·特利比恩学生活动中心

麦考密克·特利比恩学生活动中心位于伊利诺伊理工学院校园中心位置，南面是密斯规划设计的具有历史意义的校区和建筑物。一条将校园与芝加哥城区连通的东西向高架地铁穿越基地上方，成为校园一个不好不坏的现代形象标志物。雷姆·库哈斯将它用一个椭圆形截面的吸音钢管包裹起来，减少它对基地所处位置的噪声影响，恢复基地的使用活力，同时赋予了这段铁轨一个积极的新形象（图9-9）。

图9-9　麦考密克·特利比恩学生活动中心

雷姆·库哈斯没有回避高架地铁这个矛盾因素，在旁边另建一座多层建筑，而是决定将建筑功能在一个平面里铺开，通过多种功能在平面中的组合激发活动中心的活力。雷姆·库哈斯在麦考密克·特利比恩学生活动中心的设计前期，通过数据的统计研究，确定了在基地原有空地上几条主要的人流穿行路线。以此为基础，雷姆·库哈斯将活动中心设计成为一个人流穿行的"广场"，一个布置了书店、餐厅、咖啡厅、报告厅、计算机中心、会议室和集会空间等混杂功能的有顶盖的"广场"。基地原有的密斯设计的现在成为美食广场的旧学生中心也遮蔽在这个顶盖下成为新建筑的一部分。接近矩形的建筑平面内部被那几条穿行路线切割成许多形状不规整的房间，由此强调出了这几条路线的存在意义。

9.2
史蒂文·霍尔的现象学建筑

1984年，在一次游历加拿大的旅途中，史蒂文·霍尔听一名哲学系学生介绍了莫里斯·梅洛-庞蒂和他的知觉现象学思想。史蒂文·霍尔认为，这正好弥合了之前他利用类型学进行分析与综合之间的裂隙。在这次旅途中，一段盘旋上升的隧道和曲折前行的路径给他留下了深刻的印象，甚至影响了他以后的建筑实践。这次旅途被史蒂文·霍尔定义为他建筑学思想的转折点，而螺旋形的路径因此成为他以后做建筑与景观的结合时频繁出现的一种形式。史蒂文·霍尔对现象学的研究分两个阶段。第一阶段：1989年，史蒂文·霍尔出版了他的作品集《锚固》，在其中阐述了自己关于场所的建筑观点，他认为建筑形式应当根据它所处的特有场所和位置来确定，通过在特定场所的锚固，建筑的意义伴随它的功能和社会要求融入到了场所的特定历史中。第二阶段：他在1994年发表的《知觉问题——建筑现象学》中，提出了"现象区"的概念，这是他以走向知觉现象学为基础的建筑现象学研究的宣言。在1996年发表的《交织》（Intertwining）中，他认为建筑与其他艺术相比，可以更全面地引入"知觉"，建筑的本质在于知觉和物质现象的交织中。四年后出版的《视差》，是史蒂文·霍尔对建筑现象学理论的进一步探索，书中他引入了"身体"的概念，这是在建筑学领域对莫里斯·梅洛-庞蒂"肉身化"的哲学概念的思考。史蒂文·霍尔认为，"身体"是所有知觉现象的整体，是人在建筑中定位、感知、认识自己和世界的契机，并分析了科学和感知的关系。

史蒂文·霍尔认为，"视差"（parallax）是由于观察者位置的变化引起界定空间的表面布局的变化。由于身体的运动，开放或者闭合的街景——远处、中间、附近的景象都在跳跃，建筑景象也在不断地变换，这种视觉上的建筑风景被称作"视差"。历史上围合体积的透视概念建立在水平空间的基础上，今天这种水平的空间已经被垂直的维度所取代。知觉现象学思想已融入史蒂文·霍尔建筑的各个方面，在其垂直路径空间的塑造中体现得尤为突出。对史蒂文·霍尔而言，垂直路径不仅是建筑中连接竖向功能空间的交通流线，更是一个承载人之体验、富于意义的独特情景场。与众多崇尚简明、效率的现代建筑路径不同，史蒂文·霍尔的路径空间是为了在各种元素的暧昧与含混中展现世界带给我们的"惊奇"而设计的。

9.2.1 垂直路径

史蒂文·霍尔作品中造型独特的垂直路径空间设计，混合运用折线、曲线、转角、平台、坡道、梯级等元素，富于动感，冲击着人们对建筑路径的日常感知。置身其中，种种景象不再漠不相关、各自孤立，而是在路径的引导下，融入了人的行为与感知中，不断由一个景象过渡到另一个景象，环环相扣，体现出现象间的内在联系。而这种运动与知觉的过渡、扩展既是一种空间综合，也是一种时间综合，彼此交织，即是知觉现象学所谓的"空间与时间的漩涡"。此外，史蒂文·霍尔采用钢板的片段遮挡来展现空间的"深度"，是为了对人透视空间的全貌构成一种障碍，一种抵制。在这种对抗中，正在向观者"呈现"的一面构成了一个"现在"，这一面虽然有限却是敞开的，在这种敞开中，"将来"向观者涌来，把"现在"推向"过去"。在挪威克努特·汉姆生中心项目中，史蒂文·霍尔将设计概念定义为"建筑=身体：无形力量的战场"（Building as a Body: Battle Ground of Invisible Forces），而其中作为克努特·汉姆生"肖像塔"（起垂直连接作用）的路径空间则被视为着力刻画的核心。这一引导身体做攀升运动的路径被塑造成极不规则的形态，在空间中肆意穿越，时而辗转曲折，时而冲墙而出，以令人目眩的方式连接起各楼层（图9-10），由此构造出最为复杂的身体运动。这是对莫里斯·梅洛-庞蒂以身体体验界定"处境之空间性"的引用，即通过身体在纷繁变幻的路径和空间中的体验，使人们领会这位具有争议的作家困惑与迷茫的生存处境。

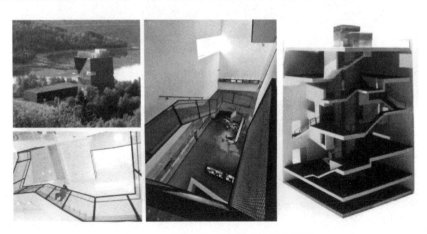

图9-10 克努特·汉姆生中心的肖像塔

9.2.2　身体知觉

　　随着建筑现象学研究的进展，史蒂文·霍尔的研究范畴转向对建筑知觉（感知）和经验的方面。史蒂文·霍尔认为建筑与其他艺术相比，可以更全面地引入"知觉"，例如感受时间、光影、透明度、色彩、质感、透视等，并认为建筑的本质存在于知觉与物质现象的交织之中。他认为"身体"是所有知觉现象的整体，是人在建筑中定位、感知，认识自身与世界的契机，并分析了科学与感知的关系。观察者以身体为媒介穿行于建筑，认识了建筑，也认识了自身。在史蒂文·霍尔看来，是直觉引导他进入意念架构与现象学手段的融合。

　　史蒂文·霍尔吸收了莫里斯·梅洛-庞蒂的"知觉""身体""科学"的概念，试图以此发掘我们生活着的世界的意义。他把对建筑的亲身感受和具体经验与"知觉"当做建筑设计的源泉，同时也是结果。这里包含两层意思：一是建筑师个人对建筑的真实知觉；二是在此基础上试图在建筑中创造出一种使人能够亲身体会或引导人们对世界进行感觉的契机。"身体"成为了存在和空间感知的关键。身体在空间中穿越产生片断层叠的透视画面，是人与建筑之间建立的基本联系，就像接通的电流，连接起时空、身体、眼睛和大脑，这是图片和屏幕所不能替代的。因此，他以赫尔辛基博物馆为例，试图让身体成为活着的空间量度。他将空间抬起、弯曲，表现出染色体一般的交叉（图9-11），使消失点消失，使多条流线在不同层面互相穿插，形成多个视点和视域。

图 9-11　赫尔辛基博物馆室内空间

　　建筑的经验包含了时间、光线、材料以及细节复杂的结合。当身体在空间穿行时所感受的一切是一种纠缠的经历，这些场景由从材料的视觉、触觉范围到在前、中、远景的光线中发展的各种空间细部所形成。纠缠的经历不仅仅是一个事件、行为的发生，更是可触摸的由层叠的空间、材料和细部逐渐展开的持续过程。当我们坐在靠窗的桌前，远处的景色、从窗中射进的光线、地面的材料、木桌以及手中的橡皮开始在知觉上融合起来。这种交迭（前、中、远景的迭合在一起的现实）对创造纠缠的空间是至关重要的。我们必须将空间、光、色彩、几何、细部以及材料作为纠缠的经验来考虑。史蒂文·霍尔认为在设计过程中可以将一些元素拆开单独研究，开始时驱动设计的概念和最终的结果都与直接的感知相关，但最后各个元素还是要融合在一起，不可以条分缕析。于是不难理解，为何在史蒂文·霍尔的设计草图中，概念总是以一幅幅室内外的空间透视整体表现出来。位于边远的卡斯基里山区的"Y"形住宅，依山而建，其造型亦由低向高，巧妙地再现了山坡的轮廓。在山顶处，别墅向西边分叉，形成独立的两翼，其两端各为一个阳台。整栋别墅建筑与山坡和宅地形成了地下、地上和空中三个空间层次。空中部分"悬"在通向一个石砌院落的地下部分之上。别墅的设计打破了传统的模式而使卧室在楼下，起居室在楼上，并对公用、私用空间以及日间、晚间活动区作了巧妙地处理，使各处空间和各项活动更具生气与活力。别墅的"Y"形结构犹如切下一角蓝天，使整栋建筑充分享受与阳光同在的乐趣。由远及近，从日出到日落，随着光影在室内外空间的逐渐变化，人们在别墅中便能充分感受到时间的慢慢推移（图9-12）。

图9-12 "Y"形住宅

史蒂文·霍尔表现出对材料性质或触觉领域的关心，他关心各种材料的细微变化，如各种玻璃的不同，甚至水的各种状态给人的感受。他认为建筑是从抽象到具象的过程，不论从概念性的图像到用细节、材料勾画的实践领域，人们都能体会到自然的神秘。在建筑中表现这些微小的细节可以拉近人与自然的联系。不仅如此，史蒂文·霍尔用现象学描述的语调描绘了光影的微妙。在"色彩空间"（chromatic space）里，史蒂文·霍尔突破了前人对光的研究，他认为即使在自然状态下，光影也从来不是单纯的颜色，而是随环境在作无穷的变幻。因此，他利用光的折射原理，用透镜将自然光分解为七色分布在室内空间四处，表示一种自然意象。

建筑扎根于某一场所，必将与人的身体和所有感官发生作用，这使建筑有可能保持人类经验原始、本质的价值和意义。在此意义上，现象学为建筑扩展了视域，史蒂文·霍尔对身体性、空间、光影、材料的细微描述使我们回到了使日常生活合理又深刻的原初经验中。

9.3

彼得·卒姆托的建筑氛围

彼得·卒姆托的作品以其纯净的形式、精确的体量、明晰的结构和精细的材质应用手段著称，最重要的是其作品往往给人一种整体感，充盈着建筑应有的氛围，这种建筑环境的产生不但来源于其精湛的设计技艺，更来源于建筑师有意识的现象学设计思维。

"我走进建筑，在一转眼的工夫，对它就有了感受"，彼得·卒姆托从这样一种确切而又含糊的感受开始了对建筑氛围的反思。"我们通过敏锐的情感来体验氛围——这种体验形式起作用时，快得难以置信，而这显然正是我们人类需要的生存之道。"这其实是一种氛围在先的思维，氛围这个最模糊的场总能最先触发人的感受，形成对环境的总体把握，是一种回归生活世界的视角。彼得·卒姆托首先意识到了这个生活环境的场，并且提出了对它的整体性反思而非其他意义上的解构或者传统的分析。就如他在《思考建筑》一书中所说："曾几何时，我们可以无需思考建筑就体验到建筑"，这似乎是在反思：随着对建筑的专业化认识加深，我们直接越过了对象化的直观体验，纵使这样的行为会遗失真正的环境本质。

9.3.1　建筑氛围内容

彼得·卒姆托在《建筑氛围》中归纳了创造建筑氛围的九个内容，从建筑本体到与之相关的声、光、热以及材料、基地环境等具体的物理环境属性。在这里，似乎现象学的思维开端又落入了对象化的窠臼中，氛围是存在于各个因素的构成中吗？其实不然，看似彼得·卒姆托将建筑氛围划分成了这些方面，但是他并非采用一种割裂的视角研究其中的每个项，这样的划分更像其进行现象学反思的记录表，是他对建筑体验的充分回忆过程。在"空气的声音"一节中，他提到"母亲在厨房烹饪的砰砰作响声，大厅、火车站的种种响声"；在"密切的程度"一节中，他提到"帕拉迪奥的圆厅别墅，我进入它的时候没有一丝压迫感"；在"万物之光"一节中，"金箔闪耀着，在屋子后部右手边一片深邃的黑暗当中"，这些描述性的话语展现了一种不同于一般的建筑师的视角：对现象本身的强烈关注。

在《教建筑，学建筑》一文中，彼得·卒姆托提出了自己的建筑设计教育观："学生们必须学会有意识地运用自己平生的建筑体验来设计。设计任务正是用来开动体验进程的"。现象学从伊始就颇为注重体验本身，从埃德蒙德·胡塞尔的现象学还原到莫里斯·梅洛-庞蒂的"身体"现象学，都是一种基于体验展开的世界观与认识论，它是如此强调体验在意向活动中的位置。这种体验与传统经验主义主客对立的被动式体验是截然不同的，首先是悬置经验世界的反思性体验，其次也是一种与流偕行的在场体验，人不是观看，而是作为在世存在，共同参与构成整个体验结构。彼得·卒姆托明确宣称自己的设计就来源于对体验的回忆，这是他面对设计任务的下意识反应。

作为对这种体验式设计方式的归纳，彼得·卒姆托提出了一个概念："内心影像"，其位于推动设计的枢纽地位，它是现象学反思体验的对象化产物，又是设计构思的前对象化因子。这种体验与设计对象的"在之间"状态所形成的张力迸发出源源不断的生发动势，将潜藏的可能性解蔽，建筑得以在环境中涌现。这个过程被彼得·卒姆托认为是对设计最恰当的定义：产生内心影像是一个自然而然的过程，它是对建筑、空间、色彩、感官等影像进行关联的、大胆的、自由的、规矩的、系统的思考，如此的设计过程是一个"视域的极化"过程，是完全在"氛围"之中进行的，设计对象是在氛围中、在设计视域的模糊地带中浮现出来，而非一种简单攫取工作。正如瓦尔斯浴场的设计过程，草图中的一笔一画以及材质节点的推敲都在这种反思体验的氛围之中进行，加上其精湛的建筑设计语汇，石块、光影、形体完美地由设计过程而聚集成为生活的"场所"。

9.3.2　瓦尔斯温泉浴场

新建的瓦尔斯温泉浴场像一块巨大的方形岩石一样嵌入山坡中，西侧与山体紧密结合，只有东立面（沿公路）完全暴露在外（图9-13）。浴场共包括两层主要的功能空间上层为浴场区，下层为理疗区。浴场区包括主入口、更衣室、休息厅、室内浴池、室外浴池和若干小浴室。其中，主入口设在西北角，通过一条地下通道与旅馆区连通。理疗区由休息厅和若干小治疗室组成。旅馆区位于浴场以北。客房楼为长条形板楼，高度约4～6层，沿山坡呈L形布局。其中，南侧的客房楼呈半围合状环绕着浴场。客房楼明显维持了20世纪60年代的外观，强调水平线条。

图9-13　瓦尔斯温泉浴场

项目本身属于对原有旅馆的改扩建。彼得·卒姆托在处理新旧建筑的关系方面，打破了常规，不是用"新"去模仿"旧"，也不是改"旧"以迎合"新"，而是想方设法弱化新浴场的存在，突出环境这一主体。面对"新"与"旧"两组建筑，他的视点超越了建筑本身，看到的是温泉和山。为了更好地体现对环境的理解和尊重，他放弃了把"新"与"旧"按照统一的整体进行处理的思路。除了一条地下通道相连外，"新"与"旧"两者之间没有更多的联系。

在这个项目中，彼得·卒姆托所追求的目标是揭示温泉与山所蕴涵的原始力量。如何才能表达这种原始力量呢？彼得·卒姆托认为，新建的（建筑）要显得比现有的（建筑）还要老，就好像它一直都存在于当地的风景之中。也就是说，把新建筑还原为环境的一部分，而非凌驾于环境之上。因此，他把全部的经历都投入到对新浴场的琢磨中，对旧客房楼则着墨不多。

浴场的设计选用了采石场和山泉的意象来诠释建筑物的概念，这是因为采石场和山泉都具有原始的特质。用石材装饰的立面，以及极其规则的几何外形，使浴场宛如埋在山中的一块巨石，与周围的风景自然地融合在一起。从旅馆咖啡厅方向看过来，第一眼仅看得见一片绿草如茵的山坡，仔细看时才发现绿草下覆盖着浴场的屋顶。如果站在位置高一些的客房阳台上，就能俯瞰云雾蒸腾的室外浴池（图9-14）。

图9-14　在位置较高的客房阳台拍摄的浴场

浴场主层由一个中央浴池（室内）、一个室外浴池以及环绕中央浴池的11个小石室组成，石室之间为休息厅或过厅。每个石室分别被赋予不同的功能，包括水温各异的浴池、淋浴房、桑拿房、饮水处以及休息室。根据空间功能的不同，11个石室名称各异，例如"汗石""火石""响石""淋浴石""按摩石""饮泉石""花瓣浴"等。对应不同的功能，每个石室的内部构造也是变化各异。例如，"响石"的空间高且窄，石材的选择和排列利于声音反射，水疗的人们在这里哼唱圣咏一类的曲调，可以得到非常完美的音响效果。这些石室的相同之处是，它们极度封闭，厚重的石壁上仅设狭小的门窗洞口。除了东侧一排小室以外，其余小室大多没有外窗，仅有一人宽的门洞和过道相连。它们导致的幽闭、紧张感被高大开敞的厅化解开来。在休息厅，落地玻璃窗将山景尽收眼底，室内地面穿过玻璃窗延伸至室外。从中央浴池可以游到室外浴场，继而登上室外平台。从空间划分来看，"虚"与"实"交替出现并互为依托，强烈的对比制造了令人震撼的空间感觉，更为重要的是，水、光、蒸汽和热量无处不在，充满了除了石头以外的全部浴场空间，使原本阳刚气十足的几何空间并不显得过分突兀。

从建筑物内部的空间秩序来看，彼得·卒姆托忠实地体现了沐浴行为本身的流线。从西北角的浴场入口开始，首先是一条南北向的狭长走廊，走廊西侧是封闭的石墙。在这里富含铁质的瓦尔斯温泉水第一次登台亮相：水从安装在墙上的铜管里流出，顺着石壁徐徐流淌，在石壁上留下了艳丽的锈渍。这些锈渍在灯光的照射下，形成了温暖的橙红色光晕，预示着一次非凡的水疗即将开始。走廊东侧是一排像筛子一样的更衣室，前来沐浴的人从走廊一侧进入更衣室更衣，再从更衣室另一侧进入浴场。刚踏出更衣室，人们立即置身于一条南北向的通长游廊，从这里可以俯瞰整个浴场。沿着游廊可以到达南端的土耳其式蒸汽浴室，或者通过平行于游廊的坡道下行到达浴场主层。

整个设计突出了对材料和光线的表现，表达了建筑师对神秘自然的感受。悬挑的顶篷被窄长的采光缝——"光的缝隙"切割成互不相连的巨大板块，从缝隙中倾泻而下的自然光线游走于各个小空间之间，把整个建筑连结成一个流动的大空间。除了休息厅具有较大的落地玻璃窗以外，自然光线主要从顶部进入，使室内气氛幽暗而静谧，从而创造出一种神圣的感觉。随着时间的变换，光线的投射轨迹不断改变。有时候，光像箭一般刺进水中，在水波中舞蹈，再撞向石壁，游走不定；有时候，光从顶篷的缝隙中幽幽地渗透到石壁上，扩散到氤氲的蒸汽中，再消失在激滟的水声里。很难分得清亮与暗的界限、静与动的分别。这一切都因为那些穿行其中的人体而获得了生命。那些裸露的光滑的皮肤，承载着光线的舞蹈，推进着蒸汽的流动，摩擦着粗糙的岩石（图9-15）。

除了自然光线，水下普遍设置的射灯成为营造空间气氛的另一种主要手段。例如中央浴池的水下灯光呈蓝绿色调，使32℃的泉水晶莹剔透。"花瓣浴"的水下灯光呈温暖的黄色，将水中漂浮的金色花瓣映照得娇艳欲滴，芬芳馥郁。"饮

图9-15　温泉浴场内部

泉石"则酷似取圣水的密室，从下向上投射的灯光聚焦在悬挂水杯的黄铜吊环和水流处，在周围浓重的黑暗包围下，取水和饮水这样简单的动作也似乎变成了洗涤心灵的仪式。

彼得·卒姆托关心材料，研究怎样把不同的东西组合在一起，不是材料看起来如何，而是它的本质如何。整座浴场采用瓦尔斯当地的灰色石英岩和混凝土建成。顶篷、墙壁和地面皆为清一色石材饰面。为此，彼得·卒姆托重新开发了瓦尔斯石材切片工艺，把当地石材制成很薄的石片。甚至为了不折不扣地体现这种薄片的原则，每一片石材都经过了绘制和测量（图9-16）。最终，每一片石材都恰如其分地出现在它应当出现的地方。正是这种对技术精确性的追求，不惜挑战手工艺极限的努力，支撑起了空间的功能和气氛。

图9-16　瓦尔斯温泉中心的片麻岩

彼得·卒姆托对场所的观察是全方位的，不仅仅局限于场地中具有明确形态的视觉要素，常常还包括场地的温度、湿度、风的流向、气味、甚至是光感以及触觉要素，因此彼得·卒姆托的场地绝不是地形图上的抽象线条，也非各种图像化的地域特征，而是真实具体的建造环境，在"场地"中他要面对周围建筑带来的空间感，光线变化对材质的影响，以及空间尺度与人类活动之间的关系，温度与人情绪的变化，具体而真实的环境就包含着对新建筑的希冀与要求，而彼得·卒姆托则用他精确客观的建筑语言对此作出回应。

9.3.3　其他作品中的建筑材料

当建造材料属性被隐去时，空间氛围的塑造主要依赖空间几何秩序及形状，人们对空间的感知也主要依赖视觉。然而人们对于空间的感知乃至获得某种心理上的触动并非仅仅依赖视觉。因此当材料摆脱了抽象构件身份，展现出自身属性时，材料就不再仅仅是一种视觉图像，它们获得了重量、温度、光泽、粗糙或细腻的表面，甚至是气味，它们有如此多的特征可以调动我们的感官，触发我们的综合知觉体验。彼得·卒姆托在其建筑设计中显然是注意到了材料感官属性的彰显与空间氛围塑造的关系，因此他的建筑空间即使几何形状模糊、层次简单，也仍然具有触动人心的诗性魅力。不同材料间的融合性与空间氛围的塑造密切相关，空间意义可以在材料的对比与组合中产生。关于材料的对比与组合，彼得·卒姆托认为：如果材料相差太远，它们之间就很难相互作用并产生含义；但是如果材料之间太为接近，这也会抹杀了它们各自的独特属性。

图9-17　用钢柱支撑起来的遗迹展览大厅

彼得·卒姆托在德国科隆柯伦巴艺术博物馆中使用不同的材料营造了空间的氛围。在柯伦巴艺术博物馆中，遗迹展览大厅的空间形状并非规则的几何形，它是一个独立的空间，被若干钢柱像桌腿一般支撑起来（图9-17）。如此简单的空间形态却成功塑造出了强烈的宗教气息，这和彼得·卒姆托利用材料的方式有很大关系，展厅是由新旧两种石砖塑造而成的：残留老墙由红褐色砖块砌筑，而新墙所用材料是一种浅米色薄砖（图9-18）。彼得·卒姆托没有选择玻璃或者木材作为新墙材料，原因就是它们的性

图9-18　用两种石砖塑造的展厅墙壁

质和老墙中红褐色砖块相差太远，差别过大的材料之间很难相互作用并产生意义。而新老两种砖材有差别也有若干共性，更能在对比中相互作用产生意义。新砖及砌筑砂浆的颜色都被精心调制，使得砖缝不至过于明显，以便使整个新砌墙面成为具有淡色斑纹的整体。新墙体在砌筑方式上采用了露明砖砌的手法，充满空洞的新墙自身并不承重，它被砌筑成双层墙体，由隐藏在墙体夹层中的柱子承重。而老墙砖块在时间的作用下变得斑驳粗糙，在与细腻轻薄的新墙的对比中，老墙与遗迹构件中积存的时间厚度及重量感被释放出来，空间的宗教氛围被成功塑造（图9-19）。

图9-19　科隆柯伦巴艺术博物馆

图 9-20　克劳斯兄弟田野礼拜堂

图 9-21　礼拜堂内部

图 9-22　建筑顶部洞口洒下的天光沿
墙壁上竖向纹理涌入室内

除了采用多种材料塑造空间氛围，彼得·卒姆托的很多建筑都是由单一材料建造，空间形态及空间关系也非常简单，但这并不妨碍它们塑造动人的空间氛围。其原因就在于建筑师通过建造方法借助时间及地点要素深入挖掘了建造材料的感官属性，使其能够引发人们的综合知觉体验，比如在克劳斯兄弟田野礼拜堂（Brother Claus Field Chapel）案例中（图9-20），彼得·卒姆托对厚重的混凝土做了灵性的塑造，使这座仅为一个空间棱柱形的建筑充满了深邃感。他以原木搭为模板，用混凝土浇筑成圆锥形的教堂室内空间（图9-21），待混凝土达到强度要求后，将木模燃烧掉，木模燃尽后形成的焦灰就会附着在内墙波浪般的浇注纹理上，这炭黑色的混凝土表面加深了内部空间的幽深感。不仅如此，彼得·卒姆托还在混凝土墙壁上插入金属圆筒形成点状孔隙（图9-22），阳光透过这些孔隙在室内昏黑的墙体表面形成如碎钻般的光点，从建筑顶部洞口洒下的天光沿着墙壁的竖向纹理涌入室内，彼得·卒姆托对混凝土形态及质感的挖掘给予了这个独立小空间浑厚的宗教气息。

若是彼得·卒姆托仅仅注意到各种真实环境要素，这尚不足以产生一座安固于场地之中的建筑。他又进一步地完善了他对场地的观察与体验。在彼得·卒姆托对城市广场的描写中，我们会发现彼得·卒姆托并没有孤立地观察单个环境要素，而是关注整体，关注这些要素之间的关系。例如，他注意到了广场上的墙体与阳光之间的愉悦关系，还发现是空间中弥漫的声音为自己带来广场空间尺度的感受，同时他也注意到了人们活动与环境温度氛围的关系，另外还注意到青铜雕塑与教堂金顶之间材质对比以及方位关系所造成的空间感受，彼得·卒姆托关注的是场地要素之间的整体关系，每一个要素都为塑造特定的空间氛围作出了自己的贡献，同时也从其他要素的贡献中界定了自己的意义，空间氛围的形成正是来自于场所中要素之间的整体关系。

由于对场地要素整体关系的注重，材料在彼得·卒姆托的设计中绝不会被孤立对待，他既不会受困于材料的物理属性建造既定的建筑，也不会脱离了材料属性按照自己的喜好来赋予建筑形式，而是会考虑材料与场地要素之间的交互关系，并以此为根据生成建筑形式，埃斯拉萨赫因在分析彼得·卒姆托作品时曾说场景中不同的组成部分，为材料属性的彰显提供了不同天地，换句话说，是环境氛围界定了彼得·卒姆托作品中的材料含义；同时，当环境与材料间的互动关系揭示了材料属性之时，环境氛围中隐含的力量也才得以彰显。这种注重材料与场地要素交互关系的观念指导着彼得·卒姆托在不同的环境中组织材料，生成建筑形式，完成对环境氛围的塑造。

9.4
妹岛和世作品的漫步式体验

妹岛和世认为封闭的建筑形式给人的第一印象就是拒绝交流。封闭且厚重的墙体虽然起到了屏障的保护作用，但是却在整个城市中清晰地提醒着自己的存在，在城市中不仅具有防御性，而且还带有强烈的侵入性。尤其是具有社会属性的公共建筑，更应该增加自身的亲和力，以一种开放的姿态拉近建筑与都市的距离。妹岛和世追求建筑的轻薄与通透，模糊建筑与城市、自然环境的边界，打破了建筑形式的封闭性，用一种开放的姿态与城市进行交流。她要求建筑对外开放的同时，在建筑内部又不缺少一定的封闭空间来满足人们的隐私需求，使行走在建筑中的人们感受到如同自由漫步在公园中的体验。

例如金泽21世纪美术馆和劳力士学习中心（Rolex Learning Center EPFL）项目，所有的外墙均为玻璃幕墙，建筑整体形象极为通透，屋顶开以天井，在很大程度上削弱了建筑的封闭性。阳光的倾泻、风的吹入使得建筑充满了自然气息，无形中拉近了与都市、自然环境的距离，对外塑造了一种开放与交流的建筑形象，以一种开放的姿态迎接民众的进入。同时参观流线并不预先设定，人们可以更加主动地根据个人的喜好自由选择。妹岛和世常以公园作比来形容其建筑空间产生的多重体验和选择，空间提供了自由穿行和灵活使用的基础，人们能够以一种公园漫步似的方式完成整个参观体验。

9.4.1　金泽21世纪美术馆

妹岛和世设计的金泽21世纪美术馆在圆形的屋顶下布置了28个无暗示的功能房间

和四个"天井式"中庭（图9-23），房间均由大小不一的方形、圆形的"盒子"组成，整个建筑仿如一幅方圆构成图，坐于平坦的绿地之上，谨慎谦虚。馆内没有清晰的观展流线，甚至没有建筑的"入口"和"出口"，在其中行走像在东方园林中散步，自由随意。妹岛和世常说"我对建筑创造出的真实空间没有兴趣，这种和缓地时而出现，时而消失的空间则令我着迷"。美术馆圆柱形的封闭形状使它脱离了周围的环境与城市，然而在受众性和可接近性方面，建筑整体又是开放的。美术馆的四个入口使得从四个方向进入建筑得以实现，弧形的透明玻璃外墙在建筑内部与外部环境之间形成平滑的视觉流动（图9-24），建筑外部的视线甚至可以穿透深入建筑物的中心区域以及所处位置的相对一侧。美术馆内的展厅、剧院、餐厅、庭院都是各自独立的体量，同时又和纵横相交的通道系统以及周围环境错综复杂地交织在一起，独立和交互的辩证逻辑在金泽21世纪美术馆中的所有层次中运作。

图9-23　金泽21世纪美术馆

图9-24　美术馆弧形的玻璃外墙

9.4.2 劳力士学习中心

妹岛和世设计的建筑在对外呈现开放性的同时，内部也巧妙地塑造了私密而适合交流的空间。建筑内部私密空间的打造是用透明材质组成的封闭空间，而这种封闭指的是心理层面上的对私密领域的占有，视觉上是通透无阻碍的，即一个相对封闭、私密同时又不阻碍视觉的空间。劳力士学习中心室内使用多组玻璃幕墙进行分隔，形成一个个圆形的私密区域，为学生提供了一个相对封闭的空间。在这一空间内的学生，同样可以观察到建筑内部的其他行为活动，与私密空间外的学生进行视觉上的交流。妹岛和世在开放的建筑形式下塑造了一种封闭的适合交流的空间，创造了一种类似公园式的自由漫步的空间，"我所专注的是如何将建筑融入到风景之中进行环境化的设计。行走在建筑中，建筑本身成为环境的一部分是非常有趣的。"妹岛和世的合伙人建筑师西泽立卫在设计劳力士学习中心时解释道"人类活动不像在火车里一样，只能是线形，而是以一种更有机的弧线形方式。借助直线，我们只能创造交叉路，但借助弧线，我们能创造出更多样化的互动"。劳力士学习中心取消实墙，全部用弧形玻璃进行空间围合以致建筑失去重量感，这是建筑师在刻意制造空间之间相互不真实的渗透。

瑞士洛桑劳力士学习中心是瑞士洛桑联邦理工学院的一部分，坐落在理工学院的中心位置。用地面积大约$88000m^2$，建筑长宽大约是$121m\times166m$，地上一层，地下一层。学习中心呈长方形，整体呈起伏波浪形，14个直径在7~50m的采光中庭。四周没有墙壁，全是玻璃作为墙壁，被称为没有墙壁的建筑，外表看起来呈清晰的有机状，整个建筑好似漂浮在地面上，向四周延伸，流畅而又通透。仿佛与四周起伏的山峦交相辉映，融合到了一起（图9-25）。

图9-25 瑞士洛桑劳力士学习中心

学习中心的地理位置无与伦比，远处就是风景优美的日内瓦湖，人们可以眺望远方的湖景，一艘艘帆船从湖面上优雅地划过，湖面的远处是海拔4000多米的连绵雪山。周边则是占地辽阔的联邦理工学院。学习中心的作用是提供专攻理工学科的学生一个相互学习的场所，增进同学彼此间的互动和交流。数学家、工程师等可以在一起跨学科交流，互相启发共同进步。劳力士学习中心在地面上只有一层，设计中心的主旨是提供学生集会交流的空间，如果按照往常的思维，学习中心的平面面积就会相对变大，如此一来，学生只能接触到整个空间的边缘地带而已。所以妹岛和世和西泽立卫特意让部分区域采用向上鼓起的设计手法，能让学院学生通过其下方，到达中央区域。由于采用不断隆起的设计手法，学习中心内部就会产生出起伏的丘状地形，建筑里会有大小的波浪状起伏，并且这些波浪起伏全部都共存于一个建筑空间里（图9-26）。整个学习中心的建筑大约分成三个缓和的起伏区域，主要是为了两个目的：第一，学生能从四面八方汇集到建筑物中央；第二，则是为了营造出让所有人同聚一堂的单一空间，并且还可以提供多功能的用途。

图 9-26　波浪起伏状的学习中心

学习中心的主要材料使用了预应力混凝土、钢材、玻璃和木头。混凝土的浇筑需要极其精确的技术手段。波浪起伏中分布着天井、微微斜起的地板、有机体的造型，复杂的结构。建筑空间打破以往办公学习空间的规则，避免了很多弊病，在空间使用层次上，融合为一个整体空间，通过地板波浪起伏的结构构造的分割，自然地划分出各种不同的使用空间，波浪造型，一峰一谷，峰可以代替楼梯变成高台谷地可以作为学习交流的场所。平面上也是精心布置，空间功能上随着使用者的使用需求而变化。空间的不确定性，给空间使用者带来了不同的心理感受。建筑物外立面整圈都是透明的玻璃幕墙，室外美丽的景色会一览无余地映射进室内，空间的连续性得到了加强，外部的空间延伸到室内，室内的建筑场地感亦会减弱，整个建筑慢慢消逝在了景色当中。例如，从餐厅这里看，尽头是一个波状起伏的缓坡，所以看不到缓坡另一端的景象了，虽然这是一个单一的整体空间，但正是由于这样坡状设计格局，声音也会同时受到一定的阻隔。可以区别出安静的区域或者是热闹的区域。白色的建筑内部装饰、细细的支撑柱子、透明的玻璃，空间匀质充满暧昧，仿佛空间和空气都物质化了，可以触摸得到。也许这种白色的暧昧感、充满禅意的纯粹建筑空间、特有的东方韵味，正是妹岛和世的建筑设计在西方受到推崇的原因（图9-27）。

图 9-27　劳力士学习中心的内部

9.4.3　格雷斯农场项目

格雷斯农场位于美国康涅狄格州新迦南，周围遍布茂密的树林、湖泊、湿地和牧场。该项目包含多功能厅、健身房、餐厅、图书馆、运动场以及烧烤庭院在内的多种设施。妹岛和世为了尽可能不对原有基地进行破坏，通过对建筑顶面的变形将建筑与地形结合，建筑在形态上逐渐与地形融合为完整的一体。屋顶随着基地的高低而起伏，建筑绕开既有的树木穿插在树丛之中，为了能和周围环境相融合采用了弯曲委婉的建筑姿态。屋顶选用阳极氧化铝板，柔和地映照着周围的风景，建筑物成为了景观的一部分。建筑通过伸出的触角触摸大地而与场地发生共鸣，表达建筑与环境的共生关系，建筑如同从地上生长出来一般，这种伸展弯曲的姿态具有一种强烈的控制性和运动感，体现了一种生机勃勃的感觉（图9-28）。

图 9-28　格雷斯农场

格雷斯农场在自然和历史的共同营造下，以一种更加谦逊的姿态立于场地中，当人们在建筑内徜徉时，周围的自然环境与历史遗迹也一并映入眼帘，整个基地的环境从某种意义上来说是一个更大的展示空间（图9-29）。

图9-29　格雷斯农场的内部

❓ 思考题

1.雷姆·库哈斯如何在建筑设计中表达动态空间？动态空间与建筑感知有什么关系？

2.史蒂文·霍尔的建筑现象学理论如何体现在建筑设计实践中？

3.彼得·卒姆托的建筑氛围理念如何与身体知觉相关联？如何在建筑设计中营造空间氛围？

4.妹岛和世的建筑设计中是如何体现漫步体验的？

5.还有哪些当代著名建筑师在实践中运用了与身体感知相关的设计理念？试举一例。

学术著作

[1] 沈克宁. 建筑现象学[M]. 北京：中国建筑工业出版社，2008.

[2] R.L·格列高里. 视觉心理学[M]. 彭聃龄，杨旻，译. 北京：北京师范大学出版社，1985.

[3] 鲁道夫·阿恩海姆. 艺术与视知觉[M]. 滕守尧，译. 成都：四川人民出版社，1998.

[4] 尤哈尼·帕拉斯玛. 肌肤之目[M]. 刘星，任丛丛，译. 北京：中国建筑工业出版社，2016.

[5] （奥地利）李格尔. 罗马晚期的工艺美术[M]. 陈平，译. 北京：北京大学出版社，2010.

[6] 沃尔夫林. 意大利和德国的形式感[M]. 张坚，译. 北京：北京大学出版社，2009.

[7] （法）莫里斯·梅洛-庞蒂. 眼与心[M]. 杨大春，译. 北京：商务印书馆，2007.

[8] 胡正凡，林玉莲. 环境心理学[M]. 北京：中国建筑工业出版社，2012.

[9] 马奇. 西方美学资料选编：下卷[M]. 上海：上海人民出版社，1987.

[10] 冯炜. 透视前后的空间体验与建构[M]. 南京：东南大学出版社，2009.

[11] （民主德国）W·沃林格. 抽象与移情[M]. 王才勇，译. 沈阳：辽宁人民出版社，1987.

[12] （瑞士）沃尔夫林. 意大利和德国的形式感[M]. 张坚，译. 北京：北京大学出版社，2009.

[13] （德）阿道夫·希尔德勃兰特. 造型艺术中的形式问题[M]. 潘耀昌，译. 北京：商务印书馆. 2019.

[14] （法）莫里斯·梅洛-庞蒂. 知觉现象学[M]. 姜志辉，译. 北京：商务印书馆，2001.

[15] 刘胜利. 身体、空间与科学——梅洛-庞蒂的空间现象学研究[M]. 南京：江苏人民出版社，2015.

[16] 张祥龙. 朝向事情本身——现象学导论[M]. 北京：团结出版社，2003.

[17] 宁晓萌. 表达与存在[M]. 北京：北京大学出版社，2013.

[18] 沈克宁. 建筑现象学[M]. 北京：中国建筑工业出版社，2008.

[19] 万书元. 当代西方建筑美学[M]. 东南大学出版社，2002.

[20] 汉诺-沃尔特·克鲁夫特. 建筑理论史[M]. 王贵祥，译. 北京：中国建筑工业出版社，2005.

[21] （意）P. L·奈尔维. 建筑的艺术与技术[M]. 北京：中国建筑工业出版社，1983.

[22] （美）查尔斯·詹克斯，卡尔·克罗普夫. 当代建筑的理论和宣言[M]. 周玉鹏，雄一，张鹏，译. 北京：中国建筑工业出版社，2005.

[23] 刘先觉. 现代建筑理论[M]. 北京：中国建筑工业出版社，1999.

[24] （英）李斯托威尔. 近代美学史述评[M]. 蒋孔阳，译. 上海：上海译文出版社，1980.

[25] 巫鸿."空间"的美术史[M]. 上海：上海人民出版社，2018.

[26] （奥地利）维克霍夫. 罗马艺术：它的基本原理及其在早期基督教绘画中的运用[M]. 陈平，译. 北京：北京大学出版社，2010.

[27] （英）彼得·柯林斯. 现代建筑设计思想的演变[M]. 英若聪，译. 北京：中国建筑工业出版社，2003.

[28] H·沃尔夫林. 艺术风格学[M]. 潘耀昌，译. 北京：中国人民大学出版社，2004.

[29] （俄）瓦西里·康定斯基. 康定斯基论点线面[M]. 罗世平，译. 北京：中国人民大学出版社. 2003.

[30] （德）保罗·克利. 克利与他的教学笔记[M]. 周丹鲤，译. 重庆：重庆大学出版社. 2018.

[31] （德）鲁道夫·维特科尔. 人文主义时代的建筑原理[M]. 刘东洋，译. 北京：中国建筑工业出版社. 2016.

[32] Colin Rowe.The Mathematics of Ideal Villa and Other Essays[M]. Cambridge：The MIT Press，1982.

[33] （美）柯林·罗，罗伯特·斯拉茨基. 透明性[M]. 金秋野，王又佳，译. 北京：中国建筑工业出版社，2008.

[34] （美）罗杰·H·克拉克，迈克尔·波斯. 世界建筑大师名作图析[M]. 汤纪敏，包志禹，译. 北京：中国建筑工业出版社. 2018.

[35] 吕大吉. 西方宗教学说史[M]. 北京：中国社会科学出版社，1994.

[36] 丹纳. 艺术哲学[M]. 傅雷，译. 南宁：广西师范大学出版社，2000.

[37] M·克莱因.数学与知识的探求[M].刘志勇,译.上海:复旦大学出版社,2005.

[38] 肯特·C·布鲁姆,查尔斯·W·摩尔.身体,记忆与建筑[M].成朝晖,译.北京:中国美术学院出版社,2008.

[39] 维特鲁威.建筑十书[M].高履泰,译.北京:知识产权出版社,2001.

[40] 理查德·桑内特.肉体与石头:西方文明中的身体与城市[M].黄煜文,译.上海:上海世纪出版集团,2006.

[41] 克里斯蒂安·诺伯格·舒尔茨.西方建筑的意义[M].李路珂,欧阳恬之,译.北京:中国建筑工业出版社,2005.

[42] 戴维·史密斯·卡彭.建筑理论(上)——维特鲁威的谬误[M].王贵祥,译.北京:中国建筑工业出版社,2007.

[43] 斯科特.人文主义建筑学——情趣史的研究[M].张钦楠,译.北京:中国建筑工业出版社,2012.

[44] 菲拉雷特.菲拉雷特建筑学论集[M].周玉鹏,贾珺,译.北京:中国建筑工业出版社,2005.

[45] 卡斯滕·哈里斯.建筑的伦理功能[M].申嘉,陈朝晖,译.北京:华夏出版社,2001.

[46] S.E·拉斯姆森.建筑体验[M].北京:知识产权出版社,2003.

[47] Jennifer A. E. Shields. Collage and Architecture[M]. NewYork:Routledge,2014.

[48] 希格弗莱德·吉迪恩.空间·时间·建筑[M].王锦堂,孙全文,译.武汉:华中科技大学出版社,2014.

[49] 柯林·罗.拼贴城市[M].童明,译.北京:中国建筑工业出版社,2003.

[50] 胡塞尔.哲学作为严格的科学[M].倪梁康,译.北京:商务印书馆,2002.

[51] 朱力.非线性空间艺术设计[M].长沙:湖南美术出版社,2008.

[52] Matthew Carmona,Tim Heath.城市设计的维度[M].冯江,袁粤,等,译.南京:江苏科学技术出版社.2005.

[53] (英)弗洛拉·塞缪尔.勒·柯布西耶与建筑漫步[M].马琴,万志斌,译.北京:中国建筑工业出版社,2013.

[54] (法)勒·柯布西耶.走向新建筑[M].陈志华,译.西安:陕西师范大学出版社,2004.

[55] (英)E.H·贡布里希.艺术与错觉——图画再现的心理学研究[M].林夕,李本正,范景中,译.杭州:浙江摄影出版社,1987.

[56] Gyorgy Kepes. Language of Vision[M]. Chicago:Paul Theobald,1951.

[57] （美）鲁道夫·阿恩海姆. 艺术与视知觉[M]. 滕守尧，译. 成都：四川人民出版社，2019.

[58] （意）阿尔伯蒂. 论绘画[M]. 胡珺，辛尘，译. 南京：江苏教育出版社，2012.

[59] Colin Rowe. Mannerism and Modern Architecture[M]//Colin Rowe. The Mathematics of the Ideal Villa and Other Essays. Cambridge：The MIT Press，1976.

[60] 戈登·卡伦. 简明城镇景观设计[M]. 北京：中国建筑工业出版社，2009.

期刊文章

[1] 方向红. 遮蔽与阻抗：对空间的发生现象学构想[J]. 南京师大学报（社会科学版），2017（2）：26-34.

[2] 唐孝祥，陈吟. 建筑美学研究的新维度——建筑艺术与音乐艺术审美共通性研究综述[J]. 建筑学报，2009（1）：23-26.

[3] 尹培桐. 格式塔心理学在建筑创作中的应用[J]. 建筑学报，1998（3）：43-46.

[4] 成志军，林晓妍. 格式塔理论在建筑美学中的应用[J]. 重庆建筑大学学报，2003（5）：12-16.

[5] 何文广，宋广文. 生态心理学的理论取向及其意义[J]. 南京师大学报（社会科学版），2012（4）：110-115.

[6] 葛晨曦. 视错觉在建筑设计中的应用研究[J]. 中外建筑，2020（4）：25-27.

[7] 倪梁康. 早期现象学运动中的特奥多尔·利普斯与埃德蒙德·胡塞尔[J]. 中国高校社会科学，2013（3）：152-176.

[8] 宁晓萌. 空间性与身体性——海德格尔与梅洛庞蒂在对"空间性"的生存论解说上的分歧[J]. 首都师范大学学报（社会科学版），2006（6）：59-64.

[9] 马元龙. 身体空间与生活空间——梅洛·庞蒂论身体与空间[J]. 中国人民大学学报，2019（1）：141-150.

[10] 庞西院. 梅洛-庞蒂的现象空间：身体、知觉与体验[J]. 长沙理工大学学报（社会科学版），2014（5）：37-41.

[11] 张玉坤. 身体-空间：建筑学与人类学关联性的思考[J]. 建筑创作，2020（2）：82-85.

[12] 方向红. 主观空间与建筑风格——来自梅洛-庞蒂现象学的启示[J]. 现代哲学，2016（1）：66-70.

[13] 刘伟. "超级空间"的本质直观——透过后现代主义建筑看现象学的深度理论[J]. 大连理工大学学报（社会科学版），2017，38（3）：143-149.

[14] 单斌. 视觉空间的现象学构造与动感[J]. 中山大学学报（社会科学版），2015（4）：100-104.

[15] Juhani Pallasmaa. An Architecture of the Seven Senses[J]. A+U：Questions of Perception–Phenomenology of Architecture，1994（7）：36.

[16] 冯琳，宋昆. 霍尔建筑垂直路径的知觉现象学解读[J]. 新建筑，2012（6）：70-74.

[17] 胡铮. 两种空间运动观——从柯布西耶到库哈斯[J]. 建筑师，2004（10）：72-78.

[18] 沈昕，魏春雨. 建筑"漫步空间"的当代表达——从勒·柯布西耶到雷姆·库哈斯，再到SANAA[J]. 建筑师，2012（3）：28-34.

[19] 李世芬，孔宇航. 混沌建筑[J]. 华中建筑，2002，5.

[20] 汪愫璟. 可能的几何学——读格林格·林恩《可能的几何学：主体写作的建筑学》[J]. 新建筑，2006（6）.

[21] 徐明松. 古典、违逆与嘲讽——从布鲁涅列斯基到帕拉底欧的文艺复兴建筑[J]. 田园城市，2003.

[22] 朱涛. "建构"的许诺与虚设[J]. 时代建筑，2002（5）.

[23] 冯慧. 理论狂人的实践史：本·范·伯克尔[J]. 设计新潮，2010，10（3）：66-77.

[24] （意）保罗·文森佐·格诺维斯，水润宇. 自然中的对数螺旋——仿生学在建筑中的应用[J]. 建筑创作，2006（4）：120-121.

[25] 本·范·伯克尔. 麦比乌斯住宅[J]. 建筑创作，2006（8）：154.

[26] 王贵祥. 被遗忘的艺术史与困境中的建筑史[J]. 建筑师，2009（1）：15-21.

[27] 程亚鹏. 形式主义的视觉美学[J]. 艺术探索，2013，27（6）：49-53.

[28] 李立，娥满. 从康德到康定斯基——艺术先验形式论的四种范式[J]. 云南师范大学学报（哲学社会科学版），2007，39（5）：87-91.

[29] 曹晖，谷鹏飞. 视觉形式概说[J]. 文艺评论，2006（1）：18-21.

[30] 张家昱，霍涌泉，宋佩佩. 试论康德心理学思想及其对当代的影响[J]. 心理科学，2015，38（5）：1264-1277.

[31] 刘毅. 艺术学的现代性建构：从柏林学派到维也纳学派[J]. 吉首大学学报（社会科学版），2020，41（4）：124-131.

[32] 刘东洋. 比萨终曲——详述勒·柯布西耶东方之旅的最后一晚一晨[J]. 建筑学报，2018，601（10）：90-98.

[33] 曲茜. 迪朗及其建筑理论[J]. 建筑师，2005（8）：40-57.

[34] 江嘉玮. 从沃尔夫林到埃森曼的形式分析法演变[J]. 时代建筑，2017（3）：60-69.

[35] 曾引. 现代建筑的形式法则——柯林·罗的遗产（二）[J]. 建筑师，2015（5）：6-23.

[36] 钱峰，徐翔洲. 包豪斯思想影响下哈佛大学早期建筑教育（二十世纪三四十年代）状况探究[J]. 时代建筑，2018（3）：112-115.

[37] 王辉. 从鲍扎到包豪斯——美国建筑教育发展（一）[J]. 世界建筑，2015（2）：116-125.

[38] 曾引. 从哈佛包豪斯到得州骑警——柯林·罗的遗产（一）[J]. 建筑师2015（4）：36-47.

[39] 王晓华. 中世纪基督教美学的身体观与身体意象探析[J]. 河北学刊，2012（4）：30-36.

[40] 高强. 欧洲中世纪体育之辩——从身体实体论到身体关系论[J]. 体育与科学，2013（1）：46-50.

[41] 刘国旭. 基督教美术中"光"的象征意义探究[J]. 贵州工程应用技术学院学报，2015（2）：106.

[42] 郑天喆. 从身体存在论证看笛卡尔的身体观[J]. 黑龙江社会科学研究，2009（1）：24-28.

[43] 陈平. 论柱式体系的形成——从阿尔伯蒂到帕拉第奥的建筑理论. [J]. 文艺研究，2015，36（8）：137-148.

[44] 何平. 意大利文艺复兴艺术家与近代科学革命——以达芬奇和布鲁内勒斯基为中心[J]. 历史研究，2011（1）：159-171.

[45] 胡铮. 两种空间运动观——从柯布西耶到库哈斯[J]. 建筑师. 2004（5）：72-78.

[46] 沈昕，魏春雨. 建筑"漫步空间"的当代表达——从勒·柯布西耶到雷姆·库哈斯再到SANAA[J]. 建筑师，2012（3）：28-34.

[47] 吕小辉，何泉. 感知空间——斯蒂文·霍尔建筑创作思想研究[J]. 建筑师，2005（12）：25-29.

[48] 冯琳，宋昆. 霍尔建筑垂直路径的知觉现象学解读[J]. 新建筑，2012（6）：70-74.

[49] 曾旭东. 建筑氛围——彼得·卒姆托的现象学设计思维浅析[J]. 新建筑，2018（6）：60-63.

[50] 左静楠，周琦. 彼得·卒姆托的材料观念及其影响下的建筑设计方法初探[J]. 建筑师，2012（1）：91-98.

[51] 蔡永洁. 遵循艺术原则的城市设计——卡米诺·西特对城市设计的影响[J]. 世界建筑，2002（3）：75-76.

[52] 曾引. 立体主义、手法主义与现代建筑——柯林·罗的遗产（三）[J]. 建筑师，2016，179（2）：33-52.

[53] 张坚."精神科学"与"文化科学"语境中的视觉模式——沃尔夫林、沃林格艺术史学思想中的若干问题[J]. 文艺研究，2009（3）：124-135.

[54] 牛燕芳，刘东洋. 也谈柯布[J]. 建筑遗产，2019（1）：114-119.

[55] 林成文. 从形式主义到图像学——潘诺夫斯基的透视学理论研究[J]. 中南大学学报（社会科学版），2016，22（5）：138-143.

[56] 曹晖. 主体的客体化：潘诺夫斯基"透视"观中的空间表征和现代性内涵[J]. 河南社会科学，2018（8）：31-36.

[57] 牛燕芳. 萨伏伊别墅（1928-1929）：一个独立世界的诞生——勒·柯布西耶"建筑散步"思想溯源[J]. 建筑学报，2018，601（10）：99-107.

[58] 王贵祥. 被遗忘的艺术史与困境中的建筑史[J]. 建筑师，2009，137（2）：28-34.

[59] 潘耀昌. Malerisch，Picturesque和如画的——沃尔夫林"基本概念"翻译解读[J]. 书画艺术，2016（6）：24-27.

[60] 罗小华. 视觉与图像——关于形式分析的一场论争[J]. 求索，2013（11）：147-149.

[61] 刘东洋. 人文主义时代的建筑原理译后记[J]. 建筑学报，2016（3）：118-119.

[62] 周渝. 形式、图像、语词：视觉文化核心观念的艺术史溯源[J]. 东南大学学报（哲学社会科学版），2014，16（2）：108-113.

[63] 王艳华. 视觉文化的"视觉性"概念及其艺术史溯源[J]. 求是学刊，2017，44（3）：127-134.

学位论文

[1] 王义. 生态心理学尺度问题的哲学意义[D]. 沈阳：东北大学，2015.

[2] 王艳华. 泽德尔迈尔艺术史论研究[D]. 南京：南京大学，2015.

[3] 冯琳. 知觉现象学透镜下"建筑-身体"的在场研究[D]. 天津：天津大学，1984.

[4] 王风涛. 基于高级几何学复杂建筑形体的生成及建造研究[D]. 北京：清华大学，2012.

[5] 靳铭宇. 褶子思想，游牧空间——数字建筑生成观念及空间特性研究[D]. 北京：清华大学，2012.

[6] 余慧元. 一种"纯粹"的经验如何可能？——胡塞尔现象学经验问题的扩展研究[D]. 杭州：浙江大学，2004.

[7] 曹晖. 视觉形式的美学研究——基于西方视觉艺术的视觉形式考察[D]. 北京：中国人民大学，2007.

[8] 贾华芬. 图式与赋神[D]. 南京：南京师范大学，2019：28.

[9] 周凌. 建筑形式中几何观念的演变及其专题研究 [D]. 南京：东南大学，2008.

[10] 王旭. 从包豪斯到 AA 建筑联盟 [D]. 天津：天津大学，2015.

[11] 许光. 建筑师史蒂文·霍尔的"体验建筑"研究 [D]. 杭州：浙江大学，2008.

[12] 曾引. 形式主义：从现代到后现代 [D]. 天津：天津大学，2012.

[13] 何世林. 戈登·库伦"城镇景观"思想研究 [D]. 重庆：重庆大学，2018.